# 技术预见理论方法
# 及关键技术创新模式选择研究

郭卫东　著

北京大学出版社
PEKING UNIVERSITY PRESS

## 内 容 简 介

本书将技术预见、国家关键技术选择、技术创新模式选择几个部分有机地结合起来进行系统研究，对技术预见理论方法组合模型、国家关键技术选择模型，以及创新模式理论方法展开研究，并在理论方法及模型构建方面进行了探索性的研究。

本书适合技术经济及管理研究者和企业管理工作者参考使用。

**图书在版编目(CIP)数据**

技术预见理论方法及关键技术创新模式选择研究/郭卫东著. —北京：北京大学出版社，2013.8

ISBN 978-7-301-22904-0

Ⅰ. ①技… Ⅱ. ①郭… Ⅲ. ①技术预测—研究②技术革新—研究 Ⅳ. ①G303②F062.4

中国版本图书馆 CIP 数据核字(2013)第 173155 号

**书　　名：技术预见理论方法及关键技术创新模式选择研究**

著作责任者：郭卫东　著

责 任 编 辑：刘　丽

标 准 书 号：ISBN 978-7-301-22904-0/C・0924

出 版 发 行：北京大学出版社

地　　址：北京市海淀区成府路 205 号　100871

网　　址：http://www.pup.cn　新浪官方微博：@北京大学出版社

电 子 信 箱：pup_6@163.com

电　　话：邮购部 62752015　发行部 62750672　编辑部 62750667　出版部 62754962

印 刷 者：三河市博文印刷厂

经 销 者：新华书店

650 毫米×980 毫米　16 开本　12.25 印张　182 千字

2013 年 8 月第 1 版　2013 年 8 月第 1 次印刷

定　　价：35.00 元

---

# 前　　言

当今世界，信息技术、航天技术、生物技术、材料技术等高技术及其产业迅猛发展，科学的交叉融合和技术集成将带来重大的创新突破，战略性高新科技日益成为经济和社会发展的决定性力量。面对新的机遇和挑战，美国、日本、英国、德国和韩国等国家通过开展技术预见和国家关键技术选择研究，从本国经济社会发展的需求出发，探索未来科学技术的发展方向，确定优先发展的战略重点领域，为政府制定科技发展战略和科技政策提供依据，为产业界和广大社会公众提供未来的科技发展信息。

未来 20 年是我国经济社会发展的重要战略机遇期，也是科学技术发展的重大战略机遇期。因此，研究制定我国科技发展战略，选择适合我国国情，并且能促进经济社会发展的关键技术进行重点突破，支撑和引领经济社会全面协调与可持续发展，是我国面临的紧迫任务。

本书将技术预见、国家关键技术选择、技术创新模式选择几个部分有机地结合起来进行系统研究，对技术预见理论方法组合模型、国家关键技术选择模型，以及创新模式理论方法展开研究，在理论方法及模型构建方面进行了探索性的研究。

本书研究工作包括以下 7 个部分。

第 1 章概述性地介绍技术预见理论方法：背景与内涵。

第 2 章主要以理论概述为主，介绍国家关键技术及选择、技术创新、技术价值评估方法等相关概念、理论方法，并对它们的相互关系进行了研究。

第 3 章主要对国内外技术预见、关键技术选择、技术创新模式研究现状进行了综述分析，设定了研究假设，制定了研究逻辑框架。

第 4 章主要是技术预见理论方法创新研究。技术预见理论方法包括引文分析和专利分析、德尔菲调查、情景分析、社会经济需求分析和技术监测与跟踪 5 个板块。第一是通过引文分析方法识别快速发展的前沿研究领域，为参与德尔菲调查的预见专家提供科学技术发展前沿信息；第二是社会经济需求分析，其主要目的就是分析科学技术在多大程度上满足了经济社会发展的需求；第三是进行德尔菲调查，遴选那些有可能给经济和社会发展带来最大化效益的研究领域和关键技术群；第四是对重要科技领域进行情景分析，其主要目的是通过更客观的视角来推演未来发展的情景，帮助专家就未来达成共识，是德尔菲法的有益补充；

第五是技术监测与跟踪分析，其目的是为技术管理与决策提供动态、准确的科学技术发展状态，识别颠覆性技术，从而把握技术机会。引文分析和专利分析、德尔菲调查、社会经济需求分析、情景分析，以及技术监测与跟踪分析 5 个板块协同工作，共同完成技术预见的实践。

第 5 章是关于国家关键技术选择方法研究。应用技术评价方法，根据国家关键技术的特性，建立国家关键技术选择模型。以技术预见实践所选择的通用新技术和关键技术群为基础，运用该模型对我国关键技术进行综合分析和评估，得出我国国家关键技术。

第 6 章是关于国家关键技术创新模式选择研究。由于国家关键技术的特殊性，因此国家关键技术创新模式实现路径与一般技术创新模式实现路径有所不同。应用实物期权方法、序贯投资决策理论等方法创建了国家关键技术创新模式选择模型。

第 7 章是对全书进行总结，指出研究存在的不足，并提出后续需要进一步研究的问题与方向。

学无止境，本书的研究还只是初步的，由于笔者水平有限，故书中难免存在不妥之处，恳请广大读者指正。

郭卫东

2013 年 5 月

# 目　　录

# 第 1 章　技术预见理论方法：背景与内涵

当今世界，科技发展日新月异，人类的未来和国家的繁荣比以往任何时候都更加依赖于科技创新与知识运用的能力和效率。科技创新能力已经作为衡量国家综合国力的一项越来越重要的指标，成为国际竞争的焦点。

在科技领域，提升自主创新能力需要面向国家经济、社会发展和国防安全的战略需要，准确把握新一轮科技与产业革命带来的发展机遇，正确分析未来科技的发展趋势，不断探索科技创新与发展的机会。近年来，美国、日本、英国、德国等主要发达国家纷纷加强对科技发展趋势的预见与监测研究工作，通过实施国家技术预见行动计划和制定科技发展规划，不断调整科技发展战略与政策，提高资源配置效率，取得了显著成效。例如，美、日、欧盟等国对外技术依存度仅为5%左右。作为一种新的科技战略管理工具，技术预见受到越来越多的国家和国际组织的重视，并逐渐形成了全球性的潮流。同时，科学技术跨学科、交叉学科的发展趋势的增强，都增加了科技规划的难度，也都需要技术预见的开展与支持。

技术预见通过系统地研究科学、技术、经济和社会未来的发展趋势，探索国家未来的技术需要，识别和选择那些有可能给经济和社会发展带来最大化效益的研究领域或通用新技术，为加强宏观科技管理、提高科技战略分析与规划的水平、优化科技资源的组合与配置提供了有益的支撑工具。加强技术预见是提升我国自主创新能力的一项重要工作。持续开展技术预见有利于形成一种新的机制，不断调整与修正对未来技术需要的认识，提高把握技术发展趋势和国家战略需求的能力。技术预见致力于对科技、经济与社会发展进行系统化的整体研究，为各方利益相关者共同探讨未来、选择未来提供了一致的沟通、协商与交流平台，有利于学科交叉与官产学研的结合，有利于提高国家创新体系的效率。

总之，作为今后制定科技发展战略的重要战略步骤和环节，在我国开展技术预见活动就是要从未来10～30年发展需要和具体国情出发，选择那些对促进经济发展、提高生活质量和保障国防安全具有关键作用的重大技术予以优先发展、推广和应用，同时促进科技界、产业界、政府与公众之间的沟通与互动，完善国家创新体系，从而带动我国整体科技竞争力尤其是自主创新能力的显著提升。

目前，我国正在进行国家中长期科学和技术发展规划研究和制定工作，国家科技规划的制定离不开对中长期科学和技术发展趋势的预测及关键技术的选择和确定。因此，在当前的宏观背景条件下开展技术预见和关键技术选择及创新模式研究对我国宏观发展战略制定中的科学研究具有较好的现实意义。

## 1.1 技术预见兴起的背景

早期的技术预测(Technology Forecast)是军事领域预测的沿袭，多数属于探索性预测(Exploratory Forecasting，又称为研究型预测)，只是对已有技术发展轨迹的外推而不考虑未来可能的发展方向和突破，一般多采用统计预测法和计量经济学法。统计预测法是通过对历史数据的回归分析和曲线拟合预测未来，采用变量较少的简单模型；计量经济学方法虽然是较为复杂的系统方法，主要采取因果分析，对系统内的各变量之间建立一定的关系，加上边界条件求解，但是由于求解困难，所以其采用的多数模型也都是线性的，不适用于解释社会现象的复杂性和多样性，实际意义大打折扣。后来，美国麻省理工学院的福勒斯特(Frost)通过引进反馈因素，改进了系统模型，提出了著名的系统动力学方法，并将之用于研究全球问题，得出了罗马俱乐部的著名报告——《增长的极限》。其对预测的最新发展是应用了“混沌学方法”，清晰地分析社会经济的非线性关系特征，从混沌中寻找秩序。混沌理论的发展在一定程度上解答了预测领域中存在的部分问题，同时也对技术预测提出了质疑[1]。20 世纪 80 年代以来，人们越来越发现技术预测的结果往往和实际发展偏离较大，其有效性越来越不令人信服。

此后，国际上逐渐产生了有别于上述探索性预测的战略性预测(Strategic Forecasting)。战略性预测是根据一定的信念，断定在一定时期内一定资源分配下可能产生的技术发展。未来可能的情况很多，决策将影响未来的发展。因此，在某种程度上，未来的发展道路是可以确定的。战略性预测与决策的进一步结合就形成了技术预见(Technology Foresight)，它的主要任务是研究当前技术发展的主要趋势和社会经济发展对技术的需求，搞清楚存在的技术差距，分析妨碍技术发展的限制因素，找到实现目标的途径，以便确定未来技术发展的目标。它更多的是采用基于德尔菲法等的定性分析方法，而不是限于严格定量的复杂的系统模型，从而在面对许多难以量化的社会因素的宏观决策问题时反而显现出强大的解释力与生命力。进入 20 世纪 90 年代，美、日、德、英等主要发达国家，以及芬兰、韩国、中国、泰国、匈牙利、南非等部分新兴工业国家和发展中国家均相继纷纷开展技术预见。客观地说，技术预见的全球化趋势已然来临，而且势不可挡。

迄今为止，技术预见的发展经历了三次高潮。第一次高潮是在第二次世界大战期间，美国军方首次通过技术预测为制定科技政策提供依据。20 世纪五六十年代，由于人们对战时技术的利用，许多新兴学科和交叉学科纷纷涌现，航天、电子、信息、生物等技术的发展带来了技术预见的第二次高潮。进入 20 世纪 90 年代，科学技术发展日新月异，科技经济一体化趋势不断加强，科技成为经济和社会发展的主导力量，尤其是发展高技术日益成为变革经济结构的强大动力，成为各国战略必争的制高点。在 21 世纪初期，信息技术突飞猛进，材料技术日趋活跃，生物技术意义非凡。为了正确把握未来科技发展趋势，选择优先发展的重点领域和关键技术，加强战略管理，提高科学决策水平，从而减少失误，许多国家加强技术预见与监测研究，从而掀起技术预见的第三次高潮[1]。现将各国把技术预见运用到科技政策的制定和国家科技发展战略中的情况介绍如下。

技术预见作为一种自发的研究活动最早产生于 20 世纪 30 年代的美国，此后作为政府制定科技政策、使科技最大化作用于经济及社会发展的一种尝试出现于 20 世纪 70 年代的日本。至 20 世纪 90 年代，技术预见作为世界发达国家政府普遍采用的、以政府为主导的体制化研究模式迅速崛起，并逐步发展成为世界性潮流[2]。技术预见之所以能在全球范围内呈燎原之势，主要是反应于世界发展的大背景。新世纪综合国力的竞争已经转化为经济可持续增长的竞争，经济可持续增长的竞争又转化为科学技术的竞争。科学技术已经成为国家或区域发展的“第一要素”，高科技领域是综合国力竞争的“制高点”，国家科技安全负载了重要的战略价值。

从技术预见的发展历程来看，技术预见经历了“始于美国→日本改进→欧洲跟进→世界各国开始加入”的历史进程[3](图 1-1)。

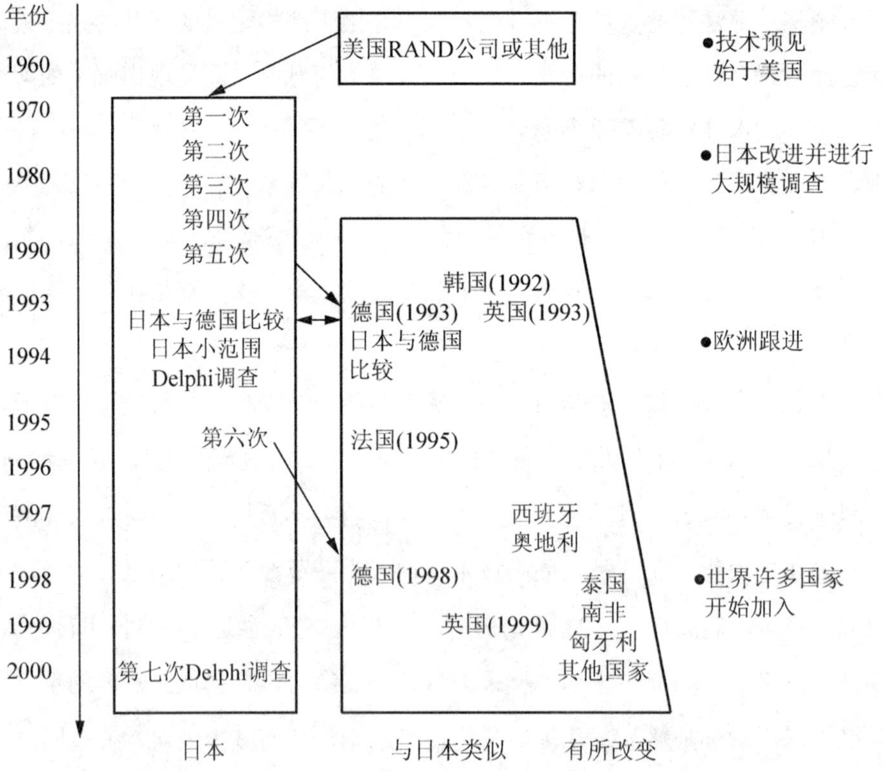


**图 1-1　技术预见发展历程**

资料来源：Hariolf Grupp. *Status and Prospects of Technology Foresight in Germany after Ten Years. The proceeding of international Conference on technology foresight*, March 2001. Japan

技术预见始于美国。美国国会早在 1976 年就成立了“国会未来研究所”，对科技、经济和社会发展等方面的问题进行预测。美国总统办公厅科技政策办公室于 1990 年成立“国家关键技术委员会”，从 1991 年开始向总统和国会提交双年度的《美国国家关键技术报告》，目前已公布了 4 个报告。国家科学基金会也根据美国国会通过的“国家科技政策、组织和优先法”的规定，每 5 年进行“科学技术五年展望”，定期向国会报告。联邦政府的许多部门也对预见工作十分重视，如国防部根据现代战争特点，每年拨专款进行相关研究；商务部每年进行《美国工业展望》，涉及经济预测、科技发展，以及对经济和社会发展影响评价等。此外，美国兰德公司、华盛顿大学等一些民间机构也开展了许多科技战略研究和前瞻研究[4-5]。

技术预见在日本得到迅速发展。日本政府高度重视技术预见，从 1971 年开始，日本科技厅每 5 年组织实施一次全国范围的技术预见调查，至 2006 年已经完成 8 次调查，其结果为制定科技发展战略和政策提供了科学依据。经过四十多年的不断发展和完善，日本的技术预见调查已成为一种比较成熟、规范和值得效仿的基础调查工作方式。其预测结果不仅广泛应用于政府制定科技发展战略和规划之中，而且为企业、高校、研究机构和公众提供了未来技术发展的全面信息[6](表 1-1)。

表 1-1　日本科技厅(STA)历次技术预见调查状况表

| 历次调查 | 开展年度 | 技术领域数 | 专题数 | 预测时期 | 有效反馈 |
|---|---|---|---|---|---|
| 第一次调查 | 1970—1971 | 5 | 644 | 1971—2000 | 2 482 |
| 第二次调查 | 1976 | 7 | 656 | 1976—2005 | 1 316 |
| 第三次调查 | 1981—1982 | 13 | 800 | 1981—2010 | 1 727 |
| 第四次调查 | 1986 | 17 | 1 071 | 1986—2015 | 2 007 |
| 第五次调查 | 1991 | 16 | 1 149 | 1991—2020 | 2 385 |
| 第六次调查 | 1996 | 14 | 1 072 | 1996—2025 | 3 586 |

续表

| 历次调查 | 开展年度 | 技术领域数 | 专题数 | 预测时期 | 有效反馈 |
|---|---|---|---|---|---|
| 第七次调查 | 2000 | 16 | 1 065 | 2001—2030 | 3 123 |
| 第八次调查 | 2005 | 13 | 858 | 2006—2036 | 2 659 |

欧洲各国积极跟进。德国首次进行的技术预见调查是1992年与日本联合开展的，目的是与日本进行结果比较。第二次技术预测调查于1998年完成，共有两千多位来自企业、服务业、管理层、高校和研究机构的专家和专业技术人员参加了调查，涉及12个领域的一千多项技术。英国工业界早在20世纪60年代末就率先实施技术前瞻研究，确定了航天航空、计算机、电子、化工等重点发展领域。1993年，英国政府发表了《实现我们的潜能》的科技白皮书，首次提出国家技术前瞻研究计划，并对16个行业未来 10～20年内的发展趋势进行了全面评价和分析。第二次预见开始于1999年4月，重点强调竞争力优势、生活质量提高和可持续发展。法国工业部在1994—1995年实施了第一次技术预见调查，确定了今后研究开发的136 项关键技术。此外，国际经济合作组织和欧盟等国际组织也开始定期发表技术预见研究报告[7-8]。

发展中国家逐步重视技术预见。韩国政府于1992年提出了一项雄心勃勃的国家研究与开发计划——先进国家计划(HAN)，也称 G7 计划。该计划的目标是到2000年把韩国的技术能力提高到世界第一流工业化国家水平，并通过该计划的实施，力争在 21 世纪加入西方七国集团。G7 计划是按照“自上而下”的方式组织的，先确定适当的国家目标，然后研究相关的技术。根据调查问卷反馈的信息，G7 委员会最终选出 11 项重大关键技术，其中 5 项是面向产品应用技术，6 项是基础技术。因此，韩国组织了两次较大规模的技术预见调查。此外，泰国和印度尼西亚等国也开展了技术预见研究[9-10]。

不仅如此，随着技术预见活动在全球的扩展，各国政府及有关组织一直在努力探索一种跨国协作、多国合作的技术预见模式。20世纪90年代早期，在联合国的扶持下，成立了国际技术评估与技术预见研究协会，该组织旨在推动跨国技术预见活动。一些颇具影响力的国际组织也对此作了总结，有些国际组织还承担起为发展中国家提供技术预见平台的责任。其中，以亚太经济合作组织(Asia-Pacific Economic Cooperation，APEC)、联合国工业发展组织(United Nations Industry Development Organization，UNIDO)、国际经济合作与发展组织(Organization for Economic Cooperation and Development，OECD)及欧盟(European Union，EU)最为突出。

APEC CTF 是世界上第一个跨国技术预见中心[11]，也是一个由 APEC 所有成员参与运作的虚拟中心。中心设在泰国曼谷，由泰国国家科技发展署(NSTDA)主管，主要职能是通过开展国际比较研究、培训、咨询及其他相关活动，培育和增强各国的技术预见能力。1998 年，APEC 资助启动了第一个跨经济体技术预见研究项目“APEC 地区水资源供应与管理研究”，由澳大利亚和韩国主持。其后，又陆续启动了“技术与学习及文化(加拿大主持)”、“APEC 大城市可持续运输研究(美国主持)”、“关于 APEC 大城市人口未来健康状况的研究(澳大利亚主持)”、“纳米技术：21 世纪的技术(泰国主持)”及“后基因时代 DNA 分析与人类健康(泰国主持)”等多项跨国预见项目[12]。

1999 年年底，由 UNIDO 与 ICS(International Center for Science and High-tech，国际科学与高技术中心)联合开展的“面向拉丁美洲与加勒比海地区的技术预见项目(Technology Foresight for Latin America and Ca，TF for LAC)”，借鉴了发达国家的成功预见经验，综合运用德尔菲法和情境分析法，构建了最庞大的技术预见网络平台 UIN，从而形成 TF for LAC 项目的实施模式[13]。

在技术预见发生发展的各个阶段，OECD 成员国都发挥了关键性作用。早在 1990 年，OECD 即启动了影响广泛的发达国家间的技术预见项目“国际未来研究项目(International Future Programme，IFP)”，搭建了“未来研究论坛”交流平台，建立了“未来研究项目信息库”。OECD 的未来研究课题为政府部门和公司机构提供了现实的解决方案，现已开展的研究项目包括“环境与发展前景研究”、“环境概况、原则与战略研究”、“由中央政府引发的前瞻性研究”、“创新和教育的研究与开发”、“未来的教学、学习与学校”及“西非展望研究”等[14]。

欧盟的技术预见主要采取情境分析法，从1998年6月起，欧盟开始了名为“未来计划”的技术预见研究。在研究的第一阶段，5个专家小组就“政治与经济背景”、“人口统计与社会发展趋势”、“自然资源与环境”、“信息、通信技术与信息社会”及“生命科学与生命前沿”等问题召开了9次专家小组讨论会；第二阶段召开政策研讨会，对欧盟的竞争力、劳动就业和技术水平进行分析；第三阶段先后召开6次分别以“扩大的欧盟”、“欧盟的竞争力”、“社会法案”、“劳动就业”、“知识与学习”、“技术”为主题的专题讨论会，并在此基础上形成了“欧盟的未来”报告[1]。

总之，目前世界范围内的技术预见，都表现出政府主导、专家运作、社会参与、绩效明显、反应热烈的特点，但不同国家或地区在目标、重点和方法等方面的侧重点不尽相同。

## 1.2 技术预见概念与理念

“预见”一词，英语为“foresight”。牛津词典对“foresight”的解释是“ability to see future needs; care in preparing for these”。英国政府技术预见网站对“foresight”的理解是“Foresight, and its associated horizon scanning centre aims to provide challenging visions of the future, to ensure effective strategies now. It does this by providing a core of skills in science-based futures projects and unequalled access to leaders in government, business and science.[15]”据考证，将“foresight”一词用于“对未来的研究”，最早出现在20世纪30年代，但其流行则到20世纪80年代才初见端倪[16]。

关于“技术预见(Technology Foresight)”，目前尚未有严格明确的定义，但学术界对其理念已形成共识。以下是技术预见通常引用的几个定义。

有关技术预见的最初定义来自英国技术预见专家、学者、英国 Sussex 大学斯普鲁研究所(Science Policy Research Unit，SPRU)的 Ben R. Martin 教授。他在 1995 年提出，“技术预见是对未来较长时期内的科学、技术、经济和社会发展进行系统研究，其目标就是要确定具有战略性的研究领域及选择那些对经济和社会利益具有最大化贡献的通用技术。(Technology foresight involves systematic attempts to look into the longer-term future of science, technology, the economy and society, with the aim of identifying the areas of strategic research and the emerging of generic technologies likely to yield the greatest economic and social benefits.)”[17]在 Martin 看来，这一定义包含以下几个方面的内涵[18]。

(1) 它对未来的探索过程必须是系统的。

(2) 预见着眼于远期未来，时间范围一般为 5～30 年。

(3) 预见不仅关注未来科技的推动因素(Science/Technology Push)，而且着眼于市场的拉动作用(Market Pull)，也就是说，预见既包括对科学技术机会的选择，也包括对经济、社会相关需求的识别。

(4) 预见的主要对象是“通用新技术”，即处在竞争前(Pre-competitive)阶段的技术，WTO 规则允许政府对此类技术的研究与开发。

(5) 技术预见必须关注未来技术可能产生的社会效益(包括它对环境的影响)，而不仅仅着眼于技术的经济影响。

经济合作与发展组织(OECD)认为，“技术预见是系统研究科学、技术、经济和社会在未来的长期发展状况，以选择那些能给经济和社会带来最大化利益的通用技术。(Systematic attempts to look in the longer term future of science, technology, economy and society, with a view to identifying emerging generic technologies likely to yield the greatest economic and social benefits.)”[19]

亚太经合组织技术预见中心(APEC CTF)的定义与之基本相近:“技术预见是系统研究科学、技术、经济、环境和社会在未来的长期发展状况，以选择那些能给经济和社会带来最大化利益的通用技术和战略基础研究领域。(Foresight involves systematic attempts to look into the longer term future of science, technology, the economy, the environment and society with a view to identifying the emerging generic technologies and the underpinning areas of strategic research likely to yield the greatest economic, environmental and social benefits.)”[20]

同时，Martin 认为，技术预见活动的影响不仅体现在预见结果对现实的指导意义，还体现在预见活动过程本身所产生的溢出效应。通常认为技术预见收益主要体现在 5 个方面：①沟通(Communication)，技术预见活动促进了企业之间、产业部门之间，以及企业、政府和学术界之间的沟通和交流；②集中于长期目标(Concentration on the Longer Term)，技术预见活动有助于促使官产学研各方共同将注意力集中于长期性、战略性问题，着眼于国家和企业的可持续发展；③协商一致(Consensus)，技术预见活动有助于预见参与各方就未来社会发展图景达成一致认识；④协作(Coordination)，技术预见活动有助于各参与者相互了解，协调企业与企业、企业与科研部门为共同发展图景而努力；⑤承诺(Commitment)，技术预见活动有助于大家在协商一致的基础上，不断调整各自的发展战略，将创意转化为行动[92]。经过多次国际会议交流及发表文章进行讨论，Ben R. Martin 的技术预见定义目前受到了普遍认可。

对于技术预见与技术预测的区别，应该说，目前学术界对这一问题的认识也是不统一的。归纳起来，无外乎有 3 种观点：①技术预见等同于技术预测，二者没有什么区别；②承认二者的区别，但认为仍可以用技术预测统称二者；③充分认识到二者的联系与区别，主张采用“技术预见”概念以示区分。

近年来学界也有越来越多的学者如浦根祥、万劲波[21]等人倾向于第三种观点，即“技术预测”与“技术预见”确实是两个相互区别而又紧密联系的概念。

第一，从英文名称来看，技术预测源于英文“Technology Forecast”，而技术预见则源自“Technology Foresight”。显然，二者具有不同的含义：“Forecast”是以较高的置信度对技术的未来发展作出概率性估计，利用方差理论探寻一种符合当前现实的模型，基于对确立的模式和相关关系的推断作出分析预见；“Foresight”是随着技术预测的发展和广泛应用，尤其是在国家制订科技计划和政策中的大量应用，由于不同的决策需要而从技术预测中分化出来的，它在目标、规模和方法上与传统的技术预测都有不同[1]。此外，即便二者都使用了相同的“技术”一词，但其含义也是不同的。“技术预测”中的“技术”指传统的狭义的技术概念；“技术预见”中的“技术”则不能作传统狭义的理解，它已不是单纯的技术，而是与科学、经济、社会、政治和环境紧密结合的大科技意义上的技术，是具有许多新特点、体现一种新科技观的技术[96]。

第二，从预测的目标或类型来看，技术预测通常属于探索性预测，而技术预见则属于战略性预测。

第三，从预测经历的发展历程来看，技术预测与技术预见分处在不同的发展阶段，技术预见是在技术预测的基础上发展完善起来的。笼统地说，迄今为止，技术预测的发展已经经历了3次高潮：第一次高潮是在第二次世界大战期间，美国军方首次通过技术预测为制定科技政策提供依据；第二次高潮是在20世纪50～60年代，由于人们对战时技术的利用，许多新兴学科和交叉学科纷纷涌现，航天、电子、通信等技术的发展带来了预测的第二次高潮；第三次高潮是指进入20世纪90年代，科学技术发展日新月异，科技经济一体化趋势加强，科技成为经济和社会发展的主导力量，尤其是发展高技术日益成为变革经济结构的强大动力，并且成为各国战略必争的制高点。在21世纪初期，信息技术突飞猛进，材料技术日趋活跃，生物技术意义非凡。为了正确把握未来科技发展趋势，选择优先发展的重点领域，加强战略管理，提高科学决策水平，减少失误，许多国家都在加强技术预见研究，从而掀起了预见的第三次高潮[1]。

第四，从研究的基本假设来看，技术预测依赖的是主管美国国家科技政策事务的万涅瓦·布什(V. Bush)在第二次世界大战结束前夕提出的“社会契约论”[22]，即只要满足科学技术研究所需要的投资需求，科学技术就必定会给社会带来高额回报，二者之间形成一种契约关系[23]。与之相较，技术预见所依赖的理论假设是“资源稀缺论”。技术预测假定仅仅有唯一的未来，试图通过静态的未来去描述技术的发展；技术预见则假定技术的发展可以形成可选择的未来，因此技术预见是一个比技术预测更加富于动态且具有挑战性的过程[24]。

第五，从研究的方法论基础来看，技术预见所依托的方法论无论就范围还是内涵都要较技术预测宽泛丰富得多。未来学、科学计量学、文献计量学、技术经济学、技术社会学、信息经济学与博弈论、行为经济学、系统科学理论、运筹学等都是技术预见研究的方法理论基础；技术预测由于只关注未来技术自身的发展趋势问题，侧重的是技术的自然属性，因而研究所依据的方法理论基础就是关于预测理论的学科知识。

第六，从对技术分工及角色定位的理解来看，技术预测所描述的技术具有明确的分工特征，只强调了技术对经济和社会单方面的责任和义务，并且技术置身于经济和社会之外是一个相对独立的系统；技术预见则从科学、技术、经济和社会的相互作用、相互依存、相互制约的系统论角度，阐述了技术的功能，技术是高度背景化的，它是整个大系统中的一个子系统。

总之，从以上讨论可以看出，技术预见是在技术预测的基础上分化和发展起来的，是技术预测的承袭和完善，二者是有区别的不同概念。“技术预测”和“技术预见”的主要区别在于：前者以历史数据为基础，通过一定的数学模型，对未来进行推测和演绎；后者则以人们的创造性思维为基础，通过集成各方面专家意见和公众的参与，全面展望未来，所涉及的范围已不局限于技术本身的发展，还要分析与估量技术未来发展的背景及其可能的效应，涉及科学、技术、经济、社会和政治等多个领域，并与政府和企业制定规划有密切关系。而且，“技术预见”主要是为宏观战略决策服务的，通过预见形成对未来发展可能性的认识和理解，从而能够规划未来，并相信未来可能达到的结果取决于人们对不同方案的选择[1]。由于认识到技术预测与技术预见的诸多区别，所以在本书撰写及资料的引用和处理上都作了区分。

技术预见倡导的基本理念就是要通过对科学、技术、经济和社会在未来一段时间内进行“整体化预测”，“系统化选择”那些具有战略意义的研究领域、关键技术和通用技术，并利用市场的“最优化配置”手段最终实现其经济与社会利益的最大化。这些基本理念为加强我国科技自主创新能力提供了重要的系统工具和决策依据。

## 1.3 技术预见的特性

1. 过程性

技术预见首先是一个过程，而不仅仅是一套优先技术发展方案。在这个过程中，有关的参与者包括政府部门、学术界和产业界互相协作，交流意见和想法，共同制定战略发展方向，为官产学研之间的信息传播和反馈提供了一个有效的渠道。技术预见真正体现出“重在参与”的重要性。

2. 导向性

技术预见具有强烈的导向功能。高层次的技术预见往往是国家制定技术政策和科技发展战略、编制科技计划的依据和基础。技术预见的结果对R&D投入方向具有重大的影响力。

## 1.4 技术预见的系统特征

1. 技术预见的参与组织

根据国外技术预见的经验来看，参与的组织主要包括：①专门负责协调政府研究开发政策的机构，如英国的科技办公室(OST)；②专门资助基础研究的机构；③产业协会；④一些资助战略性科技研究的部门，如荷兰的经济事务部(DMEA)，美国的国防部(DOD)等；⑤单独的公司。日本技术预见的经验表明，某个组织进行的预见常常得益于其他组织的预见。最理想的方式是使所有资助和开展研究开发的机构都参与技术预见。

2. 技术预见的范围

(1) 全面预见，涉及科学技术的整个体系。

(2) 大规模预见，例如，一个政府部门对一系列研究领域进行预见。

(3) 中等规模预见，只涉及一个科学领域、技术范围或一个产业系统(例如由产业协会进行)。

(4) 小规模预见，对一个技术项目或一个特定产品中的某一个技术方面进行预见(通常由公司或研究机构进行)。

全面的预见对于评价不同研究领域之间潜在的协同作用以及新的交叉学科与原有传统学科之间的汇融，都具有至关重要的作用。在一个国家中，需要各种规模的预见，但也要建立将这些不同规模的预见有机地结合起来的机制。

3. 技术预见的目标和功能

技术预见的根本目标是选择出那些对未来经济和社会发展有所裨益的科技领域和通用新技术。选择这些领域的标准不仅包括经济的，而且还包括社会的，如健康、生活质量、环境保护和对文化的贡献等。

技术预见的功能可以分为以下六种：①确定战略发展方向，建立广泛的政策指导；②选择优先发展领域，挑选出最符合需要的研究领域，为 R&D 投入部门提供依据；③提供经过分析的预见信息，为近期的科技发展提供背景信息和早期“预警”；④在研究机构以及研究开发活动的资助者、执行者、用户之间就研究开发活动的方向达成共识；⑤为新的研究方向进行宣传，或促使已有的某个研究领域继续得到重视；⑥在从事预见活动的机构之间进行交流和培训(主要是关于一些新的研究方向)，或者在研究机构与研究成果的用户之间，就那些能满足经济-社会需要的研究开发机会进行交流和探讨。

从一些国家进行技术预见的经验来看，如果过分强调参与技术预见各方目标的广泛一致，会带来某些负效应，包括有限的科技资源被分散、采用保守的风险最小化策略、决策时间过长等。

4. 技术预见的研究导向和学科结构特征

研究导向可分为兴趣(探索)导向、战略导向和应用导向3种情况。根据学科的结构，可分为成熟的学科和新兴的交叉学科。针对不同的导向和学科结构，需要利用不同的预见方法，而适用于战略导向的预见方法往往不适用于兴趣导向的预见。此外，导向和学科结构的不同，对它们所要求的经济和文化标准也往往不同。

5. 技术推动和需求拉动的平衡

成功的技术预见要注意平衡技术推动和需求拉动这两方面。对于兴趣导向研究，更注重从技术推动的角度进行预见；对于应用导向研究，则应该注重从需求拉动的角度着手；而战略导向研究要求这两种之间基本平衡。

6. 技术预见的时间跨度

技术预见的时间跨度既不能太长，也不能太短。要有足够的时间使一些新的发展趋势表现出结果，并给政策制定者足够的时间去考虑未来趋势的各种影响。但是，预见的时间跨度也不能太长，那样会使预见参与者无法看到目前作出的选择与未来发展之间的联系。战略性研究的时间跨度一般为10～30年，应用性研究的时间相应要短一些。

## 1.5 技术预见的过程

1. 预见前的阶段

(1) 作出预见的决定技术预见的第一个步骤就是要由一个高层次的机构作出进行预见的决定。在一个以前没有进行过技术预见的国家，往往需要政府牵头，组织有关的研究群体，开展技术预见工作。

(2) 准备工作如果在技术预见的参与者之间，没有能够对进行技术预见工作达成共识，技术预见就不可能成功。进行技术预见一般都是出于制定长期科技政策和选择优先发展领域的需要。在预见开始之前，就应该建立高层次的咨询委员会和专家工作小组，通过研究讨论，使参与技术预见的各方在进行预见这个问题的认识上取得一致。在西方国家，动员有关研究机构参与技术预见的条件往往是许诺在优先发展领域中为它们提供新的R&D资助。

2. 主要预见阶段

1) 预见过程的设计

预见过程的设计往往是很关键的，主要包括：①明确技术预见结果最终要提交给官产学研中的哪些部门，这些部门对技术预见的需要是什么；②要取得政府决策部门、产业界和研究机构的支持，官产学研的结合对技术预见工作的进行是至关重要的；③使技术预见与目前的科技资源分配体系兼容，即使有所调整，也要采取循序渐进的方式；使参与技术预见的人员掌握必要的科技知识和预见方法；④交叉学科和跨部门之间的联系给予足够的重视；⑤避免技术预见出现过度保守的结果；⑥在技术预见中，综合考虑“技术推动”和“需求拉动”这两种推动力，并将“自上而下”和“自下而上”的研究方法结合起来；⑦从预见开始到最终结果的推广和应用，要设计一个完整而连续的链条。

2) 分析和评价

这一阶段的主要目标是评价有关的研究对象，包括技术预见参与者、科技资源的潜在利用能力、商业化机会与 R&D 成本、社会和经济对未来的影响以及技术与社会、经济之间的协同效应等。分析和评价主要考虑以下几部分。

(1) 外部的挑战和机会。

(2) 内部的力量和弱点，同时要注意平衡“技术推动”和“需求拉动”。分析和评价的出发点包括以下 4 个部分。

① 对未来社会、经济的需要和存在的机会进行评价。

② 对已经进行的研究开发活动和潜在的机会进行评价。

③ 对本国的社会、经济的现状以及某些新技术的商业化能力进行评价，包括产业界的实力、自身的优势或限制、目前政府的政策等。

④ 对研究机构的科研能力和相关的科技资源进行评价很重要的一个问题是需要综合平衡这 4 个方面，技术预见的失败往往来自于忽略其中的一两个方面，或者过分强调其中的一两个方面。

(3) 选择优先发展领域。首先要对符合未来需要的科技发展对策提出几套备选方案；然后根据事先确定的标准比较各种方案的优劣，选择最佳方案，即优先发展领域。与此同时，必须制定一个能够完成这些优先发展目标的配套的发展战略。对于选择优先领域的标准，各国针对不同的发展目标，提出的标准也不相同。例如，在英国和澳大利亚的技术预见中，优先领域的选择标准是“可行性”和“吸引力”；美国在由政府科技办公室组织的关键技术选择中，提出的标准是“国家需要”、“重要性和关键性”、“市场规模和构成”等。

(4) 技术预见结果的扩散。很多预见活动由于没有对预见结果的扩散给予充分的重视而遭到失败。这一阶段的主要任务包括：选择扩散的目标(官产学研及公众)以及与他们沟通的最佳方法；将预见结果交付给他们；为实施预见后的阶段而做准备。根据国外技术预见的经验看，预见结果要适合公众的需要，不能是一些很不现实的东西或者是太具体的东西。其次是政府决策者必须自始至终地参与，而不仅仅是最终得到一份报告。

3) 预见后阶段

(1) 宏观决策。一般来讲，技术预见的结果往往作为制定技术政策和技术发展战略、编制科技计划的直接或间接依据。技术预见的结果将对 R&D 经费的投入方向产生重要的影响。同时，要建立一个有效的管理机制。保证管理机制有效运作的方法是定期对相关的计划和政策进行评估。

(2) 项目的实施和应用。这一阶段的工作就是针对技术预见结果的具体计划和项目的实施。进行过技术预见的国家，随着预见的进行，一般都建立了一个政府、产业界和科研机构之间相互沟通和联系的信息网络，这将有利于官产学研的结合、为建立和完善国家技术创新体系奠定了基础。

(3) 新一轮预见的准备。随着一轮预见的接近完成，需要总结经验，评估预见结果的实施，为下一轮预见做准备。各国技术预见的实践表明，单独的一次技术预见往往难以产生预期的效果，这是因为技术预见是一个复杂的系统工程，只有在不断的实践过程中，才能逐渐掌握正确的方法和过程[25]。

## 1.6 技术预见的方法

影响技术预见最终结果的因素有很多，包括时间跨度、涉及的范围、国家的规模、经济结构、最终的优先目标等，技术预见的方法也是影响预见结果的一个非常重要的因素。技术预见采用的方法必须适合预见活动的目标和预见应用的场合。近年的一些预见方法正在向着发现新的技术机会和新的需求的“预警”系统方向发展。

技术预见的方法非常广泛并且各异，下面将要叙述的是在技术预见中常用的方法[26]。

1. 德尔菲法

德尔菲法是指邀请一批专家，让他们背对背地对拟研究技术实现的可能性和预计的开发时间等问题发表意见；信息反馈回来以后，再把集中起来的意见反馈给各位专家，让他们再次发表意见，这样经过多轮反复，就可能得出一个共同的预见结果。

2. 专家会议法

专家会议法也是指先邀请一批专家，让他们对拟研究技术实现的可能性和预计的开发时间以及各种影响因素等问题发表意见；信息反馈回来以后，由专家会议主持人把集中起来的意见交给专家会议进行公开讨论，最终达成一致意见。

3. 生长曲线法

每种技术一般都有一个寿命周期，包括几个不同的阶段，如初始采用阶段、生长阶段、成熟阶段和衰亡阶段。生长曲线预见法就是建立在对每种技术寿命曲线的参数估计的基础之上的，它不仅能够估计出技术增长或下降的上限，而且能够预见出技术发展到各阶段的具体时间。一种常用的生长曲线预见法就是费舍尔—普瑞法，这种方法常用于预见技术替代的速度(即一种新技术何时、以何种速度将取代现有技术)。

4. 趋势分析法

趋势分析法包括许多经济预见模型和技术，例如，回归分析、指数平滑和博克斯-詹金斯模型等。与生长曲线不同(生长曲线旨在预见技术进步的上限)，趋势分析致力于研究技术进步的总趋势，它把影响技术进步的主要因素都纳入到一个趋势分析模型中来考虑。

5. 相关分析法

当一种新技术的发展模式与现有技术的发展模式相类似时，相关分析就能预见出这种新技术的发展模式。这种方法假定关于现有技术的发展模式方面的数据是能够得到的。

6. 层次分析法(AHP)

层次分析法确定了一种技术的结构，就对影响技术发展过程的主要因素之间的关系进行评估。当确定了一种技术的结构及其层次性后，就对影响技术发展的主要因素之间的关系进行两两比较。

7. 交互影响分析法

交互影响分析法是一种用来研究影响某种技术开发的若干相互影响的事件的方法。用这一系列交互影响事件出现的可能性来预测代表这种技术特征的某一事件出现的可能性。

8. 关联树法

关联树法是一种规范的技术预见方法，用一种树状形式，将拟研究开发技术的目标分解成低水平的目标，这样就确定了技术进步的层次结构，然后估计出实现各级技术进步目标的可能性，再用这些可能性来预测实现拟研究开发技术总目标的可能性。

9. 情景分析法(脚本法)

情景分析法提出了未来技术的不同情景，每种情景的提出都是建立在一组事先确定好的假设基础上的。每种情景都代表了在某种假设下未来技术的某种特征，预见者要评价假设的正确性，从而确定哪种情况最有可能实现。

10. 系统动力学模型法

一种技术进步过程的复杂的动态特征可以用反馈控制理论来建模，借助于反复模拟，动力学模型就能确定技术进步过程的行为。

## 1.7 技术预见的作用与局限

无论从国家角度出发，还是从企业角度出发，技术预见的作用突出表现在 4 个方面：提高国家创新系统运行的效率、科技管理工作的系统工具、提供研发工作技术导向、公众了解技术发展趋势的重要渠道。

1. 提高国家创新系统运行的效率

技术预见在国家或区域创新系统内部促进了知识创新、知识传播和知识应用，加强了系统内参与者之间的互动，增强了政府研究机构、企业和高校之间的沟通能力。通过大规模的产、学、研和政府相结合的技术预见活动，对管理机构、研究机构和企业中的人员可以带来积极的影响，从而形成技术创新网络。通过技术预见过程，可在参与者之间建立起广泛的联系和协作，这是一般计划管理手段不可比拟的。一方面，它有利于研发机构的研究开发人员向市场需求靠拢；另一方面，企业的研发人员也可以积极参与到与自身有关的研究开发活动中，有效地促进以企业为主体的技术创新体系的建立。通过上述“沟通”和“互动”作用，可大大提高创新系统作为一个整体在学习和创新过程中的效率。

2. 科技管理工作的系统工具

技术预见与政府的科技管理工作密切相关，尤其是在科技规划和计划的制订中发挥着十分重要的作用。在科技和经济紧密结合、技术优势日益成为竞争焦点的今天，科技管理工作强调合理配置资源、突出发展重点、提高创新效率。在制订科技规划和计划时，要求综合考虑未来技术的发展趋势、社会经济发展对科技的需求、本国或地区科技发展的实力和水平等，这一切都需要以技术预见为依据。因此，将技术预见手段和科技规划的制定有机地结合在一起，制定出目标更加明确与合理的战略规划，可以尽可能减少研发工作在技术路径选择上的失误，降低风险和成本，这是世界各国技术预见工作普遍关注和为之奋斗的目标。

3. 提供研发工作技术导向

技术预见能够引导大学和研究机构的研发活动，利用技术预见的结果，研究人员可把握各自研究领域的技术发展趋势，进一步明确研究工作的方向。技术预见还可为企业制订战略计划提供信息，企业围绕自己的战略目标，利用技术预见的结果，分析市场需求的变化情况，从中找到有关产品开发的技术信息。为了适应市场竞争的需要，国际上的一些大企业或充分利用政府所组织的技术预见的研究成果，或自己组织力量进行与本企业发展有关的专项技术预见研究，用以制定或调整企业的发展战略。对中小型企业来讲，技术预见结果虽然不能给予直接指导，但他们仍然可以从中受益，如分析自身的优势、把握好技术发展的方向等。

4. 公众了解技术发展趋势的重要渠道

通过政府发布的技术预见报告，可为公众和社会提供未来科技发展趋势信息。一方面，可以引导民间科技投资方向，吸引社会各方资源为实现国家科技发展总体目标服务；另一方面，让更多的社会主体参与到政府决策过程之中，从而使科技管理和决策更加科学化和民主化。同时，现代科学技术是一把“双刃剑”，在给人类创造财富的同时，也带来了一系列问题。政府组织的技术预见有利于引导社会各界认识技术发展可能带来的社会、环境问题，从而起到一定的预警作用。

技术预见的局限性体现在以下几个方面。

(1) 正确把握好预见与决策的关系。技术预见虽然能为政府制定科技发展战略、选择优先领域、确定研发资金投入等方面提供广泛指导，是决策的基础，但不能代替决策。这是因为，技术预见不是技术预报，预见一般只能大体上推断出事物发展的基本过程和大致趋势，而不可能周密地预见它的具体细节，而决策是一种积极主动行为，涉及从几种有效的方法中选择一种最为有效的方法。影响未来科技发展的因素有多种，在科技管理决策中，不仅需要考虑科技自身的发展，还要考虑本国的科技能力和经济实力以及社会经济发展对技术的需求等诸多方面。因此，只有正确处理和把握好预见与决策的关系，才能有效地利用技术预见结果。

(2) 正确认识技术预见的导向作用。技术预见的舆论和导向作用虽然可以激励政府和企业加大研发投入的力度，但也应看到，不正确的预见结论会诱导政府作出错误决策；某些领域的原始性创新可能会受到一定程度的抑制；一些地方主义者和本位主义者可能会利用技术预见的研究结果制造舆论，以饱某个地区、某个部门、某个产业的私利，结果损害了国家整体利益。

(3) 为了保证预见结果的科学性、客观性和公正性，在实施过程中，一是要保证选择的专家应来自不同的社会群体，并在数量上使各种人员保持平衡；二是广泛听取多方面专家学者的意见和建议，尽可能使收集的信息全面、准确和可靠；三是要对所谓科学研究的“客观”评价谨慎对待，对专家的意见认真分析。一般认为，只有那些相关领域的专家才能提出正确的解决问题的办法，因为是专家，人们容易认为他们的观点是没有偏见的。一些专家自己也会认为只有他们才知道什么是正确的。人们过于相信“科学的”概念，实际上助长了专家特有偏见的形成。因此，在技术预见中应尽可能把个人因素的影响降低到最小，排除任何外来因素的干扰和主观推测，力求使技术预见过程公开，使预见结果客观公正。

(4) 需要指出的是，如何评价技术预见所取得的成效是一件相当困难的事。到目前为止，还没有建立起对其评价的指标体系。目前，所做的仅仅只是看预见是否达到了目标，但不能评价预见过程的作用机理，尤其是预见过程产生的社会影响。另外，对技术预见的评价，如果仅仅只看已实现技术项目的多少是不全面的，因为那些没有实现的技术可能受各种因素影响，如果人们采取积极行动以促进这些技术的发展，很有可能在这些技术上取得突破。

## 1.8 目前我国技术预见实践中存在的问题和不足

《技术预见报告 2005》、《中国未来 20 年技术预见研究》内容涉及“信息、通信和电子”、“生物技术与药物”、“材料科学与技术”和“能源技术”4 个领域 32 个子领域 409 个重要技术课题，由不同层面的专家参与完成这些研究和实践活动。

通过对《技术预见报告 2005》和《中国未来 20 年技术预见研究》(以下简称两份《报告》)的分析，笔者发现，目前我国技术预见实践存在一些问题。

(1) 所开展的技术预见前瞻性存在一定差距的。4 个领域当中通过技术预见选定的重要技术课题，几乎都不同程度地已在国内外研究了数年甚至几十年，相当一部分技术的未来发展方向几乎已是科技界所共认的事实，很少有涉及目前不太引人注意，刚刚显露苗头的技术发展方向。技术课题分为“原理得到初步阐明”、“开发出某些技术”、“某些技术得到实际应用”、“某些技术得到大规模应用”4 个层次。以能源技术领域为例，93 个技术课题中属于“原理得到初步阐明”的课题只有 3 个，而属于“某些技术得到实际应用”(包括工业示范、工业应用和一定规模应用等)的课题多达 62 个(这些技术目前基本上均已开发或者研制出来)[27]。说明参与技术预见的技术专家预见能力普遍比较薄弱，如何尽快提高我国专家的技术预见能力将是今后应该认真关注的问题。

(2) 两份《报告》中预见专家在探讨未来技术发展时，很少提及技术的潜在负面影响，而这将影响到技术选择的科学性与可靠性。综观两份《报告》所述成果，只有两位专家在探讨海洋天然气水合物开发技术时，提到了天然气水合物泄漏可能引起不可逆转的全球变暖、海洋生态恶化、海底滑坡和沉积物液化等环境问题[28]。这样的技术预见活动显然不能实现对未来技术正确评价的分析目标。

(3) 缺乏对未来具有潜力的科学技术前沿领域进行文献计量学、科学计量学的预测分析研究，不能很好识别预测快速发展的前沿研究领域，缺乏对预见专家进行前沿科技领域发展态势的情报支持，没有和德尔菲法进行很好的结合，使技术预见缺乏定量的测度。

(4) 目前基于德尔菲法的技术预见，绝大部分是科技界和政府部门专家进行预见，缺乏产业界的积极参与，这样不利于发挥市场需求对技术的拉动作用，不利于未来技术的应用推广和产业化。

(5) 目前技术预见体系不利于预见文化在全社会的培养与形成。技术预见所倡导的理念之一是沟通与协商，即让更多的公众、专家参与，有助于社会各界更多地理解科技、支持科技，更民主、更科学地决策，塑造未来，进而在全社会营造一种“预见文化”。然而，现有的技术预见体系是把公众几乎完全排除在外的，并且在技术预见还局限于专家、学者、高层的现实情况下，所以应重视公众参与机制设计的技术预见的建设与完善，从而形成官、产、学、研、公众共同参与的技术预见体系。

(6) 技术预见很少注意处于萌芽状态的“颠覆性”技术(也称为突破性技术(Disruptive Technology))的出现和影响，一些具有潜力的颠覆性技术没有引起足够的重视。例如，基于 TCP/IP 协议的互联网技术颠覆 ATM 和电路交换技术，MP3、MPEG4 等数字编码技术对传统音像、影视业的冲击等。

# 第2章 技术预见与国家关键技术选择

## 2.1 国家关键技术及选择

### 2.1.1 国家关键技术的定义与特征

美国白宫科学技术政策办公室对国家关键技术(National Critical Technology)的定义为“对美国的经济繁荣和国家安全至关重要的技术”；欧共体对国家关键技术的定义为“对提高产业竞争力，提高生活质量，增加就业，培养社会凝聚力的跨部门、跨行业的通用技术”。

我国“国家关键技术选择”研究组在其撰写的研究报告“国家关键技术选择”中，对国家关键技术作出的界定：“国家关键技术，是指那些对振兴产业、提高国际竞争能力、促进经济持续增长、改善人民生活质量、保证国家强盛起决定性作用的技术(群)。”[28]

国家关键技术大致可分为两大类，即“服务于国家利益的关键技术”和“服务于企业利益的关键技术”。国家关键技术主要具有以下几个特征[28]。

(1) 重要性。这些技术对实现国家战略目标、提高一国综合国力和国际竞争力至关重要。这些技术的突破、创新和应用，对促进经济持续增长、提高国际竞争力、改善人民生活质量、保证国家强盛有决定性作用。

(2) 先导性。这些技术具有先行和导向作用，能带动其他技术的发展。

(3) 通用性。这些技术应用领域广，实用性强，能促进多种行业和技术的发展。

(4) 基础性。这些技术主要是基础性技术，对其他技术具有基础和支撑作用。

(5) 先进性。这些技术属于能使国家在竞争中处于领先的重要技术。

(6) 全新性。这些技术一般都是具有创新性、前瞻性的新技术。

国家关键技术大多是保障国家目标实现的一个先进技术群。各国因国家目标不同，所选择的国家关键技术也有所不同。而且，随着时间的推移、技术的发展，以及国情和国际环境的变化，国家关键技术的内容也必然要随之作相应的调整和变更。但同时，笔者通过研究发现，日本、韩国选择的关键技术和美国、欧洲的也没有什么很大的差别，这是关键技术的极其重要性所决定的。因为在激烈的国际竞争中，一个国家选择的被认为是对国家发展至关重要的关键技术，也常常会被其他国家认为是如此。例如，在高性能计算机技术方面，美国启动的 HPCS 研究计划目标就是力图研制具有高生产率的高性能计算机，这与我国著名专家金怡濂主持的神威高性能计算机研究领域一样，还有纳米技术、太阳能电池技术等具有未来潜力技术都被世界各国当做关键技术加以优先发展。

### 2.1.2 国家关键技术选择依据

国家关键技术的“关键”体现为“技术的优先权”，但并不是严格地按照数学意义给出的优先权，它只是不同技术领域、不同技术的研究开发组织的轻重缓急程度的反映，有优先发展的含义[29]。

(1) 关键技术的遴选是由科学技术的内部发展准则决定的，科学技术推力是关键技术领域产生的内因。根据技术发展存在的不平衡的客观规律，遴选出一些意义重大的优先领域，给予优先支持是非常重要的。同时也要注意到，现代科学发展的不同时期领先领域是不尽相同的，是随着科学技术的发展而变动的，因此有必要开展技术预见工作，来掌握技术发展的规律和趋势，从而把握关键技术的走向。

(2) 市场的需求拉力是关键技术领域产生的外部因素。关键技术是科技与经济的重要结合点，其遴选的原则和方法强调了社会和市场需求，强调了产业竞争力、本国的科技实力，体现了经济与科技的紧密结合。例如，在美国国家关键技术的10个遴选准则中，有3项与占领或扩大市场有关，2项与产业竞争力和领导市场能力有关，2项旨在促进技术变革、刺激商品化或其他技术的发展，另外3项是满足国防、社会和人们生活需求。

### 2.1.3 国家关键技术选择的原则和准则

进行国家关键技术选择首先要确定评价技术的原则和准则，指导整个工作使之科学、严谨、规范、可信。我国进行国家关键技术选择一般遵循的基本原则有战略原则、创新原则、前瞻原则、可持续发展原则、安全原则。

国家关键技术选择需要综合考虑经济发展、技术进步、社会发展，以及可行性等多个方面，例如，我国国家关键技术选择的一般准则见表2-1。

**表2-1 国家关键技术选择准则**

| | |
|---|---|
| 经济发展 | ①战略目标；②市场需求；③经济效益；④产业竞争力 |
| 技术进步 | ⑤重要性；⑥通用性；⑦带动性；⑧技术差距性 |
| 社会进步 | ⑨环境保护；⑩生活质量；⑪社会发展 |
| 可行性 | ⑫经济承受能力；⑬我国研发基础；⑭技术成熟程度 |

### 2.1.4 国家关键技术选择的传统方法及过程

目前，一般采用德尔菲(Delphi)调查、情景分析法、专家会议法等方法进行技术预见研究，在此基础上组织广泛的专家论证进行国家关键技术选择研究。

我国国家关键技术的选择包括以下传统过程[30]。

(1) 开展经济社会发展趋势及对科技的需求研究，对我国未来经济社会发展趋势和存在的问题以及未来经济社会发展对科技的需求进行系统分析。例如，科学技术如何支撑国民经济结构的战略性调整，科学技术如何减轻经济和社会发展的资源约束等。

(2) 国内外技术发展趋势研究。全面分析了国内外技术发展趋势、我国与先进国家的差距以及我国的机遇、发展重点等主要问题。

(3) 组织大规模专家调查，广泛征求各方面专家意见。通过规范的大规模德尔菲调查，广泛征求科技、经济和社会各方面专家意见。采取问卷调查和当面访谈等形式，让各自领域专家对各自熟悉的领域发表意见。

(4) 进行综合集成，选择国家关键技术。德尔菲调查反映了大多数专家的意见，为科学选择提供了参考。在进行国家关键技术选择时，研究组组织多次各种形式的专家论证会，从国家战略出发，从我国经济社会发展需求出发，按照原则和准则，进行国家关键技术选择，并提出优先发展的技术项目建议。

### 2.1.5 技术预见与国家关键技术选择的关系

正确地理解技术预见概念的含义，还必须弄清技术预见与国家关键技术选择的联系。技术预见是对未来技术发展趋势进行分析研究，从而把握未来技术发展方向，重视技术突破和萌芽技术的研究；而关键技术选择是在社会资源有限、国际竞争日趋激烈的形势下，为实现国家目标，在弄清现状、把握未来的基础上，选择技术发展的重点领域，尤其是优先发展对经济增长和国家强盛至关重要的关键技术，以增强综合国力和提高国际竞争力。因此，技术预见与国家关键技术选择有许多重叠，相似之处在于强调科技与经济的一体化，强调技术的市场实现。技术预见一般时间跨度比较长，日本、德国进行技术预见调查的时间跨度均为 30 年，而关键技术选择一般时间跨度比较短，美国、法国关键技术选择的时间跨度均在 10 年以内。技术预见具有一定的研究性质，国家关键技术选择则是一个决策管理过程。技术预见为国家关键技术选择奠定基础。因为技术预见采取科学方法，综合集成社会各方面专家的创造性智慧，所以其结果具有一定的科学性和权威性，依据技术预见进行国家关键技术选择，可以减少失误、降低风险。国家关键技术选择是技术预见的宗旨和目标之一，目前也有部分国家把技术预见、关键技术选择和科技计划合而为一，而且这也被认为是一项保障国家目标实现的重要战略措施。

# 2.2 技 术 创 新

## 2.2.1 技术创新的含义

经济学家熊彼特(J. A. Schumpeter)于1911年在其著作《经济发展理论》中首次提出的“创新理论”概念。按照熊彼特的观点，创新就是建立一种新的生产函数，在经济活动中引入新的思想、方法以实现生产要素的组合，即“创新是生产函数或供应函数的变化，或者说是把生产要素和生产条件的新组合引入生产体”。他把创新概括为5种类型：①生产新的产品；②引入新的生产方法、新的工艺过程；③开辟新的市场；④开拓并利用新的原材料或半制成品的供给来源；⑤采用新的组织方式。熊彼特所描绘的5种创新，大致可归纳为3大类：①技术创新；②市场创新；③组织创新。

此后，不少学者都在技术创新概念的界定方面作了研究，如中国学者傅家骥、美国学者曼斯费尔德(M. Mansfield)、迈尔斯(S. Myers)和马奎斯(D. G. Marquis)、弗里曼(C. Freeman)、缪尔塞(R. Mueser)等。

技术创新是企业家抓住市场的潜在盈利机会，以获取商业利益为目标，重新组织生产条件和要素，建立起效能更强、效率更高和费用更低的生产经营系统，从而推出新的产品、新的生产(工艺)方法、开辟新的市场、获得新的原料或半成品供给来源或建立企业的新的组织，它是包括科技、组织、商业和金融等一系列活动的综合过程。其核心是一种技术经济活动，它包括从一种新的技术设想的产生，到研究、开发、试制、生产制造并首次商业化实现的全过程。技术创新路径与目标如图2-1所示。这里所称的“技术”有多种表现形式，它可以是根据科学原理和生产实践经验形成的工艺流程、加工方法、劳动技能、技术诀窍和营销技巧；也可以是根据科学原理和市场需要创造或改进形成的新产品、新服务、产品质量或功能的改进、新材料、新能源和生产工具或其他物质装备等。“创新”就是指对上述范围内技术的“变革”。创新的技术性变革，处处体现它是实现企业生存发展壮大和国家繁荣富强的推动力，是现代国家综合国力和竞争力的重要体现，企业的活动之本和财富之源。

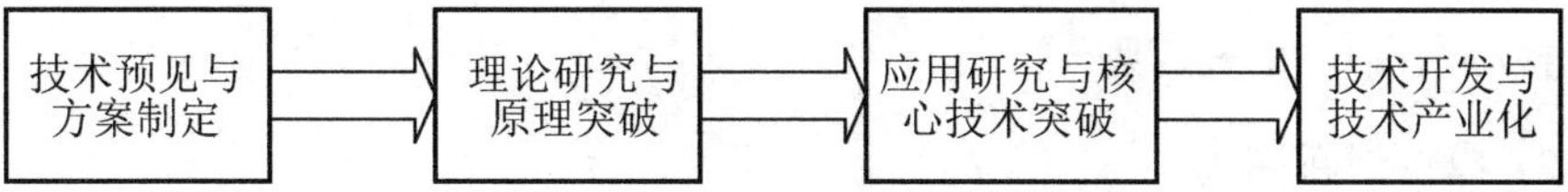


图 2-1　技术创新路径与目标

### 2.2.2　技术创新模式

#### 1. 技术创新模式分类

技术创新可按照不同的模式进行分类。弗里德曼认为，有进攻型、防御型、模仿型、依附型、守成型和机会型创新模式；尼德认为，有领先型、追赶型、应用工程型和模仿型创新模式；经济学家安索夫(Ansoff)、弗里曼(C. Freeman)和我国学者傅家骥根据创新主体与外部经济环境的关系、技术来源与创新活动方式认为，技术创新的模式可以分为自主创新模式、模仿创新模式和合作创新模式 3 种类型。另外，以引发技术创新的动因为标准，很多学者将技术创新模式划分为技术推动模式、需求拉动模式、综合作用模式、一体化创新过程模型、系统集成和网络模型的五代技术创新模式。

本书研究的技术创新模式是指根据创新主体与外部经济环境的关系、技术来源与创新活动方式划分的自主创新模式、合作创新模式和模仿创新模式 3 种类型。

1) 自主创新模式

自主创新模式是指创新主体以自身的研究开发为基础，通过提高科技原始性创新能力、集成创新能力和引进消化吸收能力，通过自身的努力和探索攻破技术难关，实现科技成果的商品化、产业化和国际化，并拥有一批自主知识产权，进而提高国家竞争力的一种创新活动。自主创新模式其技术突破的内在性、市场的领先性和知识资本的集成性，使系统的技术发展具有很强的自组织力及市场应变力，可彻底摆脱技术的依赖性与依附性。自主创新的一般路径是：技术情报搜索分析→技术预见→技术原理突破→自主创新→拥有自主知识产权→形成核心技术、核心产品体系→实现产业化。

2) 模仿创新模式

模仿创新模式是指创新主体通过学习模仿率先创新者的思路与行为的方法，通过引进购买或反求等手段吸收和掌握率先创新者的核心技术和技术秘密，并在此基础上对率先创新进行改进和完善，进一步开发和生产富有竞争力的产品的技术创新行为，具有跟随性特点。基于每一个国家都不可能拥有本国所需要的一切技术资源，不可能在各个领域都具备技术优势，而知识和技术作为人类的精神财富具有共享性、外溢性、可转让性，采取拿来主义引进技术并注重消化吸收，可弥补技术(产品)短缺，提高发展起点，节约 R&D 经费及时间。因而，世界各国都十分重视技术引进模仿创新，以学习应用他人之长，特别是发展中国家都把技术引进作为加速本国经济科技发展的主要途径。模仿创新的一般路径是：技术抉择→技术引进→消化吸收→二次创新→实现产业化。

3) 合作创新模式

合作创新模式是指多个创新主体之间联合开展创新的做法，合作者有共同的利益为基础，以资源共享和优势互补为前提，合作各方在技术创新的全过程或某些环节共同投入、共同参与、共享成果、共担风险的一种技术创新行为。合作创新的一般路径是：双方共担技术研发→共同获得知识产权→共同享有核心技术、核心产品体系→实现产业化。

2. 发达国家常见技术创新模式

1) 国家指导下的技术创新模式

国家常见技术创新模式表现在，大型公司多为国有或受国家控制，其高科技研究主要由国家规划并组织实施。大型企业之间、国家研究部门与企业之间在科学研究方面互相合作。

2) 战略集成式的技术创新模式

知识经济时代要求技术创新必须是一个战略集成的综合运行模式。它要求技术开发、工程建设、制造和市场营销一体化，从而达到技术创新各要素的集成。欧美和日本的许多大型企业集团在技术开发过程中都采用这一模式。

3) 合作开发技术创新模式

为了使高新技术开发迅速实现产业化并减少风险，大公司在政府的支持下普遍采取了与国内外大学和科研机构结合、与其他大公司优势互补性合作以及与用户产业链上下游结合等多种研究开发形式，取得了较好的效果。

4) 技术引进、消化和再创新模式

日本、韩国是采用这种模式的典型。日本是一个国土狭小、人口稠密、自然资源贫乏、自然科技水平一般的国家，能够取得惊人的成就，其首要原因是日本能够依靠科技进步，建立高科技产业，引进创新发展模式，采取以技术引进、消化吸收与独创相结合的科技发展新战略，从而取得了令人瞩目的成就。

5) 全球公司技术创新模式

技术创新的另一种模式就是全球性公司创新的兴起。全球性公司和过去的跨国公司有根本的不同。它是一种新型的打破国界的联合公司，它们大多数是把科研部门和实验室输出去，共享科技成果，以利于提高生产效率和产品质量。例如，英特尔公司、微软公司、诺基亚公司等都采取这种形式研发新产品，取得了节省研发费用、缩短研发周期的效果。

3. 我国技术创新模式选择

技术创新模式的选择对于一个国家和企业极为关键。选择不当，不但不利于其生存和发展，还会带来不必要的损失。每个国家和企业都有各自不同的特点，技术创新模式的选择应符合各自的特点，同时也应遵循以下基本原则[33]。

(1) 符合国家产业政策及相应的法律法规。技术创新模式的选择既应考虑本组织的利益，也应兼顾国家经济发展大局，符合国家经济发展的长远利益。

(2) 符合市场发展变化的内在要求。通过技术创新创造市场需求固然重要，但符合市场需求的技术创新在日益激烈的市场竞争中更具有生命力。符合市场需求将大大降低一个国家或者企业技术创新的市场风险，使技术创新成果能迅速进入国际或国内市场，并获得较为有利的市场地位。

(3) 选择技术创新模式应与一个国家或企业经济和技术实力相一致。每个组织的经济能力和技术水平不同，选择技术创新模式也应不同。根据其自身情况选择适合本组织发展的技术创新模式。如资金雄厚、技术水平较高的组织可选择自主创新模式，甚至外部创新模式，而对于规模小、技术水平较低的组织则可以选择引进创新模式，甚至模仿创新模式。

(4) 选择技术创新模式应降低成本、降低风险。技术创新活动能为组织带来经济效益，同时也具有风险性。选择技术创新模式应充分考虑降低成本、降低风险。例如，可采用与其他组织或科研机构协同创新模式或外部创新模式，充分利用外部资源，降低成本、分散风险。

对于一个国家来说，要根据国家科技体制、经济体制、科技机构与生产企业之间的关系、中介服务系统的完善程度等情况，进行全面、综合的考量，来选择一个国家在一定时期内采取的主要的技术创新模式。

## 2.3 技术价值评估方法

进行国家关键技术创新模式选择研究，需要对各种模式下的技术价值进行准确评估，所以下面介绍技术价值评估的理论和方法。

目前，大多数技术价值评估方法都可归于传统的成本法、市场法与收益法 3 种基本模式，或是其中两种或三种的混合[34]。技术价值评估方法体系见表 2-2。

表 2-2 技术价值评估方法体系

| 思路 | 以成本为基础的评估方法 | 以收益为基础的评估方法 | 以市场为基础的评估方法 | 混合方法 |
|---|---|---|---|---|
| 理论基础 | 劳动价值论 | 效用价值理论、资金时间价值理论和资金风险价值理论 | 市场机制理论 | 劳动价值论、效用价值理论、市场机制理论 |
| 方法群 | 重置成本法、成本收益法 | 收益现值法、实物期权评估法 | 现行市价法、行业标准法、等级法、比较法、竞标法、清算价格法、净现值法、托宾系数法、并购价值法、权利金法 | 收益分成法(经验法)、成本—收益现值法 |

总之，以成本为基础的评估方法认为不能反映技术的特点和投资者预期。市场法给出的是一个交易的价格，市场信息的不对称会导致技术价格和技术价值的偏离，技术的弱可比性也会导致市场法的失效。以收益为基础的方法能反映技术资产的增值特性，是公认的最佳价值评估方法。从技术价值实现过程看，拥有一项技术就拥有了对其进行开发和商业化应用的各种策略选择，包括直接商业化、分阶段投资、中途授权或出售、放弃该技术等。这些选择和可采取的策略是有价值的，但在以收益为基础的传统方法中(如净现值法等)却未被反映。随着企业间竞争加剧和高新技术发展的动态性与复杂性增加，传统方法评估的技术价值与市场价值偏离越来越远，而实物期权法在缩短这个价值缺口方面很有帮助。由于以收

益为基础的技术评价方法是较为公认的最佳价值评估方法，所以本书主要介绍以收益为基础的技术评价方法。

### 2.3.1 以收益为基础的传统技术价值评估方法

对技术资产的估价，在现有实务中基本上还是采用有形资产的估价方法，研究集中在如何选择评估方法和各种方法的缺陷分析以及改善上。具体说，研究主要集中在以下几个方面：①对原有方法的参数进行界定，力图通过参数的考虑以反映出技术的特征；②对原有方法的修正，把技术的特殊性考虑进来；③研究不同行业的技术评估问题，以考虑行业技术特征；④研究技术资产评估控制方面；⑤如何加强预测的准确性方面。

Degnan(1997)[35]在一项针对技术授权和转移的调查后揭示，业界采用最广泛的技术价值评估方法是现金流量折现法(Discounted Cash Flow，DCF)中，用期望现金流按照风险调整折现率贴现的净现值法(Net Present Value，NPV)，NPV 法预先估计待评估技术的经济寿命和寿命期内可以获取的净利，再利用折现率换算成现值，即为技术的价值。净现值指某个投资项目在其整个寿命周期内的全部现金流入现值与全部流出现值之差。根据在计算净现值时是否考虑了风险，可将净现值分为确定条件下的和不确定条件下的两大类。用 NPV 法评估技术价值包含假定技术相关的未来收益与风险是确定的和可以预测的，所有信息都体现在对未来现金流量和折现率的估算上。

### 2.3.2 技术价值评估的实物期权方法

借鉴 Dixit 和 Pindyck(1994)对大多数投资决策基本特征的概括，可以发现技术投资具有 3 个特点。

(1) 对开发或获取某项技术进行的投资是部分或完全不可逆的。

(2) 与技术相关的未来回报是不确定的。

(3) 拥有技术后的策略选择是灵活的，而不一定都是即时决策。

这些特点与 NPV 法的应用前提有很大差异。

由于技术投资的上述特性，故实物期权法把技术的实现过程看成一个期权的组合，不同阶段存在不同类型的期权选择或机会，并对每一种期权的经济价值进行评估。不同期权评估出的价值可以合并和比较，最后得出技术的真正价值。汉密尔顿(2000)[28]在分析新兴技术项目评估时对传统 NPV 法和实物期权法作了比较，可以看出二者的区别，见表 2-3。

表 2-3 传统 NPV 法和实物期权法的比较

| 传统 NPV 法 | 实物期权法 |
| --- | --- |
| 认为不确定性是降低投资价值的风险<br>认为未来产生的信息只有有限的价值<br>只承认有形的利润和成本<br>认为决策的形成是清晰固定的 | 认为不确定性可能增加投资价值<br>认为未来产生的信息价值很高<br>还承认灵活性等无形的价值<br>承认决策形成受未来产生的信息和管理者自主决策能力的影响 |

清华大学的邢小强、仝允桓通过研究给出一个运用实物期权评估技术价值的逻辑框架，系统分析金融期权到实物期权的转换并应用到技术价值评估的全过程，并对可能产生的误区和评估困难给予详细说明。这个逻辑框架分为 6 个模块：金融期权定价模型系统分析、技术价值实现过程分析、差异性分析、实物期权模型调整、参数估计、计算与检验[36]。

实物期权定价的基本思想来自于金融期权的定价思想，但由于实物期权的相对复杂性，特别是资产的不可交易性、资产的形态的多样性，故使得实物期权的定价非常复杂，并且不同类型的实物期权由于具体状态变量选取的不同，故定价模型存在较大差别[37-39]。虽然如此，但实物期权的定价仍然有一定的规律，或者说一般的定价方法和解决问题的思路。目前，实物期权的定价一般有连续状态下和离散状态下的定价方法[40]。连续时间状态下的定价方法一般是假定某实物投资项目的利润流依赖于某一变量，并且假设此变量服从几何布朗运动(Geometric Brownian Motion)，然后借鉴金融期权连续时间状态下的定价方法，运用资本资产定价模型

(CAPM)、资产投资组合理论、伊藤引理等原理方法，建立边界条件下的微分方程并进行求解，得到项目的实物期权价值及其最优执行的状态变量临界值。实物期权离散状态下的定价方法主要是对不可交易资产进行动态复制的二叉树方法。和连续时间状态下类似，这里的动态复制就是选择可交易资产或者是可交易资产的动态投资组合，使其在每一期的收益与风险特性与不可交易资产的收益与风险特性完全相关，从而对不可交易资产进行定价。

实物期权方法将投资活动中的不确定性与不可逆性纳入决策分析框架，应用期权定价思想对实物投资机会进行评价与决策，提高了决策的科学性与合理性。但是，此方法本身不能将由于共享性所导致的竞争对实物期权价值的影响纳入其决策分析框架。因而，为了有一个更加合理与科学的分析框架，必须有一个将不确定性、不可逆性与竞争性同时纳入进来的系统分析与决策方法，这一理论方法就是期权博弈理论。

## 2.4 相关概念和理论方法的关系研究

目前国内外对技术预见、国家关键技术选择、技术创新模式、技术价值评估方法的研究不少，但对它们进行系统研究、把它们看做成一个整体进行研究、探讨却很少。

开展技术预见就是要通过对科学、技术、经济和社会在未来一段时间内进行“整体化预测”，“系统化选择”那些具有战略意义的研究领域、关键技术和通用技术，利用市场的“最优化配置”手段最终实现其经济与社会利益的最大化。这些基本理念为加强我国科技自主创新能力提供了重要的系统工具和决策依据。同时，国家关键技术选择是在社会资源有限、国际竞争日趋激烈的形势下，为实现国家目标，在弄清现状、把握未来的基础上选择技术发展的重点领域。所以，技术预见为国家关键技术选择奠定基础。由于国家关键技术具有国家战略重要性、通用性、先进性等特点，更是与技术创新有重大联系，因此成为技术创新的重点对象和主要目标之一。

同时，技术创新模式选择是实现国家关键技术的重要途径，是国家关键技术选择实现后的必然阶段。而对技术创新模式研究，首先需要对技术各种发展模式进行价值评价，因此选择合适的技术价值评估方法显得尤其重要。

技术预见、国家关键技术选择、技术创新模式、技术价值评估方法之间存在必然的内在联系，是解决从技术预见到国家关键技术选择再到创新过程如何实施这一关系到我国科技发展规划实施的关键问题。同时，也正是本书的研究主题和主要内容。

# 第3章 技术预见与关键技术选择、创新模式理论构建

## 3.1 国内外技术预见相关研究概述

进入 20 世纪 90 年代以来，技术预见已成为世界潮流。随着人们对科技与经济社会发展认识的不断深化，人们的认识从最初的“技术系统内在因素决定技术发展轨迹”，发展到“技术与经济社会发展相互作用决定技术发展轨迹”，再到“技术发展轨迹具有多种可能性，未来技术发展轨迹是可以通过今天的政策而加以选择的”[32]，逐步形成了基于大规模德尔菲调查、专家会议和社会情境分析等方法的技术预见。世界各国和地区已经形成了对技术预见的统一认识和规范的预见方法。

日本曾经对 247 个研究机构所用预见方法进行了一次调查，结果发现德尔菲法、情境分析法和相关树法等方法是长期预见的主要方法。这三种方法非常适合于技术预见，但时间和经费的综合成本很高。专利统计分析是非常有效的短期(5 年内)预见方法[41]。从预见方法的发展趋势上看，未来的技术预见会更加强调预见方法的适用性和预见方法的创新性。首先，不同层面的技术预见应采取不同的技术预见方法。其中，战略层面一般数学模型和定量方法很难表征和模拟，需集成使用若干不同的技术预见方法以避免单一方法的局限性；战术层面则可以采用一些成熟的数学模型和定量方法来研究技术发展趋势。其次，只有技术预见方法不断创新和改进，并把定量与定性方法结合起来，才能不断克服各类预见方法的局限性，并提高技术预见活动的影响力和把握未来的能力。

从技术预见研究的动力来源来看，主要分为技术供给推动型、社会经济需求拉动型以及二者的结合 3 种模式类型(图 3-1)，这是由各国对未来技术发展动力的不同认识决定的。美国是技术供给推动型的代表，强调的是竞争前技术，以技术控制为目的，因此工业竞争力、国防和能源保证等受到高度重视；英国和日本等国家是社会经济需求拉动型的代表，更多看重的是市场机会和技术突破；法国则是供给推动和需求拉动相结合的代表，虽然在预见过程中会广泛了解产业界对未来技术的需求，但其预见结果的重点却是从技术供给的角度产生一个技术清单[1]。

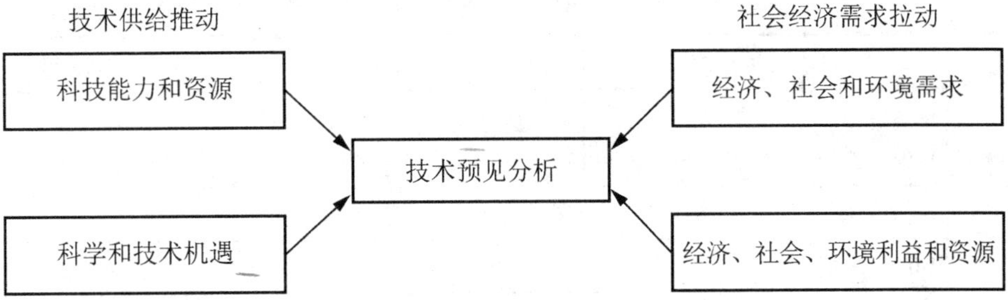


**图 3-1 影响技术预见的因素**

资料来源：技术预测与国家关键技术选择研究组. 从预见到选择——技术预测的理论与实践[M]. 北京：北京出版社，2001：33.

从技术预见研究的内容来看，尽管随科技、经济和社会的不断发展以及各国各地区具体国情的动态变化，技术预见的研究内容呈现出丰富多样的特点，但是各国和地区预见研究的主要内容一般都集中在以下 5 个方面：①技术发展现状研究，包括当前技术研发状况、技术研发的费效比以及国家和地区间研发水平比较等；②明确社会经济发展趋势对未来技术的需求，分析技术更新对经济增长、市场竞争力、社会变革以及综合国力与各国实力平衡关系的影响；③集成各方面的创造性思维，全面把握未来技术发展，这是各国和地区预见研究的重点；④发现认清市场机遇，但这要受到各国各地区技术、经济实力和自然资源等诸多因素的影响；⑤提出政策建议，一般包括研发资金、研发领域和技术推广的具体途径方法等[1]。

从技术预见研究涉及的领域来看，不同国家和地区之间以及相同国家、地区的不同预见计划之间的具体预见领域可能存在差异，但主要领域趋同，一般均是信息与通信、生命科学、材料与加工、先进制造、资源与能源、医疗保健、交通运输、农业、海洋、地球和空间、服务等。下面以日本、英国和美国的技术预见领域的比较为例进行说明(表 3-1)。

**表 3-1　日本、英国和美国的技术预见领域比较**

<table>
<tr><th rowspan="4">概况</th><th colspan="2">日本技术预测</th><th colspan="2">英国技术预测</th><th>美国国家关键技术</th></tr>
<tr><td>第六次<br>1996—2025 年</td><td>第七次<br>2001—2030 年</td><td>第一次<br>1995—2010 年</td><td>第二次<br>2000—2015 年</td><td>第四次<br>1998 年报告</td></tr>
<tr><td>14 个领域</td><td></td><td>16 个领域</td><td></td><td></td></tr>
<tr><td>1 072 个课题</td><td></td><td></td><td></td><td></td></tr>
<tr><td rowspan="13">领域</td><td>材料与加工</td><td>材料和加工</td><td>材料</td><td>材料</td><td>材料</td></tr>
<tr><td>电子</td><td>电子</td><td></td><td></td><td></td></tr>
<tr><td>信息</td><td rowspan="2">信息和通信</td><td rowspan="2">信息、电子和通信</td><td rowspan="2">信息、通信和媒体</td><td rowspan="2">信息和通信</td></tr>
<tr><td>通信</td></tr>
<tr><td>生命科学</td><td>生命科学</td><td>健康和生命科学</td><td></td><td>生命系统</td></tr>
<tr><td>海洋与地球科学</td><td rowspan="2">海洋、地球和空间</td><td>海洋技术</td><td></td><td></td></tr>
<tr><td>空间</td><td>国防和航空</td><td>国防和航空</td><td></td></tr>
<tr><td>资源与能源</td><td>资源、能源和环境</td><td>能源</td><td>能源和自然资源</td><td>能源</td></tr>
<tr><td>环境</td><td></td><td>自然资源和环境</td><td></td><td>环境质量</td></tr>
<tr><td rowspan="2">农、林、渔业</td><td rowspan="2">农、林、渔业和食品</td><td>农业、园艺、森林</td><td rowspan="2">工业用食物链和农作物</td><td rowspan="2"></td></tr>
<tr><td>食品和水</td></tr>
</table>

续表

| | 日本技术预测 | | 英国技术预测 | | 美国国家关键技术 |
|---|---|---|---|---|---|
| 领域 | 生产与机械 | 生产、销售和管理 | 制造、产品和商业 | | 先进制造 |
| | | | 零售和批发 | 零售和消费服务 | |
| | 城市、建设 | 城市化与结构 | 建筑 | 建筑环境与运输 | |
| | 运输 | 运输 | 运输 | | 运输 |
| | | 服务 | 金融服务 | 金融服务 | |
| | 医疗保健与福利 | 健康和医疗 | 休闲和学习 | | 健康 |
| | | 社会经济系统老年人科学安全保障 | 化学 | 化学 | |

资料来源：技术预测与国家关键技术选择研究组. 从预见到选择——技术预测的理论与实践[M]. 北京：北京出版社，2001：42.

从指导技术预见活动的准则来看，各国都主要是从经济效益、科学进步、社会效益、国防安全四方面来考虑的。同时，就上述 4 个方面，不同国家制定的准则比较如表 3-2 所示。此外，从不同国家对于关键技术选择准则的制定上，也能体会这种差异的存在(表 3-3、表 3-4)[1]。

表 3-2 美、英、法、德四国选择技术的准则比较

| 类　别 | 准　则 | 美 | 英 | 法 | 德 |
|---|---|---|---|---|---|
| 经济效益 | 增加经济竞争力和产业的市场份额 | √ | √ | √ | √ |
| | 对未来产业发展至关重要 | √ | √ | √ | |
| | 有助于快速发展的经济部门和技术扩散 | √ | √ | √ | √ |
| | 降低产业依赖性的风险和脆弱性 | | √ | | |
| | 提高超前其他国家开发技术的能力 | | √ | √ | |
| | 改善国际收支平衡 | | | √ | |

续表

| 类　别 | 准　则 | 美 | 英 | 法 | 德 |
|---|---|---|---|---|---|
| 科学进步 | 增强国家科学基础 | √ | √ | | |
| | 建立基础技术的能力 | √ | √ | | |
| 社会效益 | 国家对未来发展和高风险的支持是重要的 | √ | √ | √ | √ |
| | 保护环境，节约能源 | | √ | | √ |
| | 获得社会和文化的认同 | √ | √ | | |
| | 改善健康 | | √ | | |
| | 促进安全 | | √ | | |
| | 建立人力资本 | | | | √ |
| 国家安全 | 对进行未来战争至关重要 | √ | | | |

资料来源：技术预测与国家关键技术选择研究组．从预见到选择——技术预测的理论与实践[M]．北京：北京出版社，2001：36.

**表 3-3　我国国家关键技术选择准则**

| | | |
|---|---|---|
| 经济发展 | 市场需求 | 有潜在市场需求和能创造市场需求 |
| | 经济效益 | 投入应用后明显增加附加产值，提高经济效益 |
| | 产业竞争力 | 由于采用本项技术，故使得：①产品质量提高；②生产成本降低；③增加新性能或改进原有性能，从而提高产业竞争力 |
| 技术进步 | 重要性 | 该项技术的突破或创新对提高产业技术水平和装配水平有决定作用 |
| | 通用性 | 应用领域广。该项技术的创新或突破能促进各种行业发展 |
| | 带动性 | 能促进或带动各项技术发展和新产业形成 |
| 社会进步 | 环境保护 | 有利于环境保护 |
| | 资源能源利用率 | 有利于有效利用资源和能源，或节能降耗 |
| | 生命质量 | 有利于提高人民的健康水平、营养水平和教育水平 |
| 可行性 | 经济承受能力 | 我国财力可承受从开发到生产所需的全部资金投入 |
| | 实用化时间 | 能形成产品、系统和工艺，并在 15 年内可投入应用 |

资料来源：技术预测与国家关键技术选择研究组．从预见到选择——技术预测的理论与实践[M]．北京：北京出版社，2001：38.

表 3-4 美国国家关键技术报告中的原则和准则

| 原 则 | 准 则 | |
|---|---|---|
| (1) 选择方向主要在于加强安全和经济竞争力上。<br>(2) 能满足国家未来大量需求的开发工作的相应基础。<br>(3) 能创造新产品及其生产工艺，强调制造工艺、产品设计、性能质量和成本的一体化方法。<br>(4) 能在未来10～15年内可用于商售产品(工艺)或用于国防武器装备 | 国家需求 | 工业竞争力<br>国防<br>能源保证<br>生命质量 |
| | 重要性(关键性) | 领导市场的机会<br>性能、质量、生产能力的改进<br>杠杆作用 |
| | 市场规模(多样性) | 易损性<br>推动和推广<br>最大市场规模 |

资料来源：技术预测与国家关键技术选择研究组．从预见到选择——技术预测的理论与实践[M]．北京：北京出版社，2001：37.

从技术预见发挥作用的情况来看，各国预见一般都是为政府制定科技发展战略服务，通过技术预见过程和定期发布技术预见报告，为广大社会公众提供未来科技发展趋势信息，引导民间科技投资方向，吸引社会各方资源为实现国家科技发展总体目标服务。其具体表现如下：技术预见是完善国家创新系统的重要方式；是国家科技宏观管理的重要手段；是研发机构确定研究方向的重要参考；是公众了解技术发展的重要渠道。可以说，西方发达国家和一些新兴工业化国家已把技术预见作为提高政府决策能力的一项长期的基础性工作[22]。在肯定上述积极影响的同时，人们必须看到当前各国技术预见还都存在不同程度的问题和局限，例如，专家可能存在的特有偏见、人们对于科学的过度崇尚、某些地方部门可能存在的地方主义和本位主义以及技术预见评价指标体系还没有真正建立等都会影响最终预见结果的客观与公正。

从技术预见开展和应用的范围来看，基于德尔菲法的国家技术预见活动，不仅在日本、德国、法国、英国、荷兰、意大利、加拿大、澳大利亚、奥地利、西班牙、葡萄牙、芬兰、丹麦、挪威、希腊、比利时等发达国家广泛开展，一些新兴工业国家和发展中国家如韩国、以色列、印度、印尼、泰国、匈牙利、斯洛伐克、南非、尼日利亚、土耳其和塞浦路斯等国也陆续开展国家技术预见活动。技术预见越来越受到更多国家政府的关注和重视。与此同时，APEC CTF、UNIDO/ICS TF for LAC、OECD IFP 等跨国跨地区的技术预见项目得到了普遍积极的响应和支持，日本与德国、德国与法国之间都已经开展了有关技术预见的双边合作。有关技术预见主题的国际会议也频繁召开，2000 年 3 月"新型技术预见的方法与潜力"、2003 年 2 月"第三代预见与科技政策优先领域选择"两次技术预见主题的国际会议在日本东京召开，2003 年 3 月 27～29 日，联合国工业发展组织(UNIDO)在布达佩斯召开有多国政府首脑、部长参加的"2003 年技术预见峰会"等[42]。

我国开展技术预见工作始于 1992—1995 年完成的《国家关键技术选择研究》，首次界定了国家关键技术的定义、特征和选择原则，选择出信息、生物、制造和材料领域中 24 项关键技术，共 124 个重点技术项目。1999 年我国又对农业、信息和先进制造 3 个重点领域的技术发展进行了预测，完成了国家重点领域技术预见研究，提出了国家技术预见的概念和国家技术预见是一种评价性预见的观点[44-45]。面对日趋激烈的国际竞争环境和我国科技跨越式发展的要求，我国实施技术预见计划受到了政府的高度重视并得到初步发展。我国历次科技发展计划与国家中长期科技发展规划的制定都是以技术预见工作为基础的，最近几年国家科技部、中国科学院组织开展了技术预见和国家关键技术选择等专门研究工作。目前，我国的技术预见工作已获得了一些阶段性成果，积累了一定经验。

2001 年 1 月，上海市科学技术委员会启动了《上海科技发展重点领域技术预见工作研究》计划，由上海市科委领导，上海市科学学研究所具体承担，先后聘请技术预见专家 234 人，涉及信息技术、生物技术、新材料技术、先进制造技术和能源与生态环境技术五大领域，课题预见的时间跨度为 5 年左右，目的是认识当前世界新科技革命孕育的重大"技术机遇"和我国加入 WTO 以后带来的国际

“压力和动力”，从更高的层次、更广的范围、更远的将来对上海科技进行战略部署，从而推动上海尽快成为国际技术创新中心城市，实现上海科技跨越式发展战略目标。在开展预见活动的具体过程中，综合运用德尔菲调查、专家访谈、组织讨论会等预见方法，重视 SWOT 分析和 STEEP 分析(即 Society 社会、Technology 科技、Environment 环境、Economy 经济、Politics 政治)。2005 年 6 月，最终研究成果《上海技术预见报告》完成，该报告包括一个总体报告、五个专题报告和一份项目建议清单[41]。

2001 年 7 月，由北京市科学技术委员会、中国科学院自然科学与社会科学交叉研究中心共同资助，中国科学院科技政策与管理科学研究所负责实施的“北京技术预见行动计划”正式启动。该计划主要是采用德尔菲调查、专家会议和有关政策分析方法，在对信息、材料两大技术领域进行预见调查的基础上，探讨未来 20 年内技术发展趋势及其影响因素，提出中国应该优先发展的 10 个战略技术课题和相关政策措施，并结合北京市社会经济发展战略需求，提出北京市优先发展的战略技术课题以及相应的发展战略与政策措施。简言之，北京技术预见行动计划包括 3 项任务：技术预见德尔菲调查、政府宏观政策选择和区域行动计划研究。

2003 年 8 月，由中国科学院高技术研究与发展局批准、中国科学院主持的知识创新工程重要方向性项目“中国未来 20 年技术预见研究”正式启动，这是继 2000 年以来该院科技政策与管理科学研究所先后承担的国家软科学研究计划项目“技术预见与政策选择方法论研究”、北京市软科学项目“北京技术预见行动计划——若干领域技术预见与政策选择研究”之后的又一重大的技术预见项目。研究的最大创新点在于，项目根据中国未来 20 年全面建设小康社会的技术需求，将技术领域划分为 IT、BT、GT、ST 四大门类，这不仅有利于技术课题的凝练，而且是技术预见实践的一次崭新尝试。由于考虑到“研究对象”与“技术门类”间的关系比较复杂，故该项目运用下述矩阵，对战略技术集群和技术课题进行分类(表 3-5)[45]。

表 3-5 “技术门类”与“研究对象”的划分

| 技术门类<br>研究对象 | IT：<br>Info-Technology | BT：<br>Bio-Technology | GT：Green<br>Technology | ST：Space<br>Technology |
|---|---|---|---|---|
| (1) 信息、通信与电子 | | | | |
| (2) 先进制造 | | | | |
| (3) 生物技术与药物 | | | | |
| (4) 能源 | | | | |
| (5) 化学与化工技术 | | | | |
| (6) 资源与环境 | | | | |
| (7) 空间科技 | | | | |
| (8) 材料科学与技术 | | | | |

目前，“中国未来 20 年技术预见研究”项目已完成“信息、通信与电子”、“能源技术”、“材料科学与技术”、“生物技术与药物”、 “先进制造技术”、“资源与环境技术”、“化学与化工技术”和“空间科学与技术”8 个领域的技术预见研究成果，主要分析了 63 个技术子领域的 737 项技术课题的重要性、预计实现时间、实现可能性、目前我国研究开发水平、国际领先国家和发展制约因素，筛选出我国未来 20 年最重要的技术课题，并提出相关技术的发展政策。《技术预见报告 2005》、《技术预见报告 2008》、《中国未来 20 年技术预见研究》、《中国未来 20 年技术预见研究(续)》的出版是该项目研究的一个重要阶段性成果[46]。

同时，我国浙江、广东、云南、江西、贵州、青岛、广州、武汉等省市也都相继开展了技术预见研究，部分省市也已发布了自己的技术预见报告。

目前，国内技术预见的研究主要集中在 3 个研究部门开展：中国科技促进发展研究中心、中国科学院科技政策与管理科学研究所、上海市科学学研究所。中国科技促进发展研究中心作为科技部的事业单位，较早关注技术预见问题研究，早在 20 世纪 90 年代初就开始在原国家科委的委托下开展国家关键技术选择的相关研究，并率先梳理了技术预见的理论体系，对国外技术预见的发展进行了系统的整理和分析。截至目前，研究中心已经组织开展过 3 次技术预见与国家关键技术选择的实践工作，对技术预见的理论有一定的研究和认识，形成了一支较为成熟的研究队伍，目前，正在科技部的委托下开展新一轮的重点高新技术领域预见与关键技术选择活动。总体而言，研究中心的研究方向更侧重于技术预见活动的实际组织和运用以及技术预见如何为国家的科技发展规划和宏观科技政策决策提供基础与工具；在对外合作与交流方面，侧重于和日本、德国以及英国方面的交流；在研究理论和方法上更加接近于日本的技术预见理论，其研究队伍的核心人员包括杨起全、程家喻等。

中国科学院科技政策与管理科学研究所也是我国致力于科技政策研究的科研单位，目前正从事“中国未来 20 年技术预见”研究项目，已取得一些阶段性成果。其研究队伍的核心人员包括穆荣平、袁志彬、王瑞祥等。

上海市科学学研究所是近年来技术预见领域出现的一支新兴力量，主要以上海市科委为依托，在开展地方政府技术预见活动的同时，积极开展技术预见理论的探索。研究队伍的核心人物包括李健民、浦根祥、万劲波等。

同时，还有高红阳(2005)[47]提出的“外在技术预见概念”，提倡建立基于外在技术预见的国家宏观发展战略体系。吴伟强、万劲波、陈玉瑞(2005)在“共性技术预见”方面进行了研究，提出了共性技术 R&D 战略。

总之，作为一种新型的致力于将科技与经济一体化的重要手段和将各种资源进行有效组合与优化配置的战略管理和规划的有效工具，技术预见已经在一些发达国家得以运用，并日趋体制化，它在世界 20 多个国家的实践中已取得了显著绩效。对我国来说，技术预见和国家关键技术选择应该作为科技发展战略的重要环节，从未来 10 年或更长时期的发展出发，围绕高科技的发展、经济结构调整和产业技术升级，选择那些对经济发展、社会进步和国防安全具有关键作用的重大技术予以优先发展、推广和应用，同时促进科技界、产业界、政府和社会公众之间的沟通与互动，完善国家创新体系，从而带动国家整体科技竞争力尤其是自主创新能力的显著跃升。

## 3.2 国内外技术创新模式相关研究概述

1. 国外技术创新模式相关研究概述

经济学家熊彼特于1912年在其著作《经济发展理论》中首次提出的“创新理论”概念[24]。熊彼特认为“创新是生产函数或供应函数的变化，或者说是把生产要素和生产条件的‘新组合’引入生产体”。他把创新概括为5种类型：生产新的产品；引入新的生产方法、新的工艺过程；开辟新的市场；开拓并利用新的原材料或半制成品的供给来源；采用新的组织方式。

此后，不少专家学者都在技术创新概念的界定方面作了大量研究，美国学者曼斯费尔德(M. Mansfield)在1974年发表的《产业创新与技术扩散》中认为，“与发明或技术样品相区别，创新就是技术的实际采用和首次应用”。弗里曼(C. Freeman)是技术创新方面的著名学者，他在1982年出版的《工业创新经济学》修订本中指出，技术创新就是指新产品、新过程、新系统和新服务的首次商业性转化。Robert A Burgelman(1996)从组织行为学的角度分析，认为企业技术创新能力是指便于组织支持企业技术创新战略的企业一系列综合特征。它主要包括可利用资源及分配、对竞争对手的理解能力、对行业发展的理解能力、对技术发展的理解能力、公司的组织结构和文化条件、开拓性战略管理能力等。这个定义主要侧重在战略管理的角度，对企业技术创新能力的构成进行分解。Barton(1995)以企业技术创新行为主体为视角，认为企业技术创新能力的核心是掌握专业知识的人、技术系统、管理系统的能力及企业价值观。这个定义主要是从企业技术创新行为主体的视角来给出的，揭示了企业技术创新能力的核心内容，但缺乏整合观点。近些年来，由于世界经济一体化的加快、自然资源的不断减少和自然环境的不断恶化，人类面临着生存危机，因此，许多经济学家开始从可持续发展角度对创新进行重新定义，如生态创新概念的提出。Klaus Rennings(2000)[48]指出，进步常常被简单地理解为企业的技术创新，事实上许多自然资源的可持续利用并不主要是技术问题，这可能导致“技术偏差”。生态创新应该包括技术、社会与制度创新 3 个方面的变化。在技术创新模式研究方面，弗里德曼认为，有进攻型、防御型、模仿型、依附型、守成型和机会型创新模式；尼德认为，有领先型、追赶型、应用工程型和模仿型创新模式；经济学家安索夫(Ansoff)、弗里曼(Freeman)根据创新主体与外部经济环境的关系、技术来源与创新活动方式认为技术创新的模式可以分为自主创新模式、模仿创新模式和合作创新模式 3 种类型[50]。本书主要探讨自主创新模式、模仿创新模式和合作创新模式 3 种类型。

在技术自主创新模式研究方面，国外很多专家学者对 R&D 项目和技术的评价与决策方面作了大量的研究。

Myers(1977)[50]发表了第一篇建议用期权理论评价 R&D 项目的文章。他强调传统的 DCF(Discounted Cash Flow，DCF)(折现现金流)法不适合 R&D 项目评估，认为现金流量折现法(DCF)对 R&D 投资没有帮助，R&D 的价值几乎全部是期权的价值，因为投资的总经济价值应包括未来进行商业化或改变投资的期权价值。总的思想是，一项 R&D 投资近似于投资于一项看涨期权，在未来的某个时候，是否执行那项 R&D 投资，由公司权力部门去决定。在 R&D 的最后阶段，研究的不确定性已解决，可以估计其产出。如果其产出大有可为，就可通过商业阶段执行它；如果它看起来没有前途，公司就可以让 R&D 期权作废，而损失仅局限于沉淀成本——初始 R&D 投资。Faulkner(1996)[51]对期权方法应用于 R&D 投资评价的研究现状做了一个回顾。他用一个基于决策树分析的例子表明了为什么期权方法比

DCF 方法更适合于项目评价，并将它称为期权思维评价。他区分了 DCF 思想与期权思想，并强调如果西方企业想尽快赶上日本企业，应该放弃传统的 DCF 法而采纳期权方法。Mitchell and Hamilton(1988)[31]将 R&D 分成 3 类：对于短期 R&D 来说，这属于商务投资的类型，因此，他们建议使用 DCF 法；长期的 R&D 项目是一个"知识学习"的过程，不能归于任何形式的评价；而中间一类的 R&D 是"战略定位"，它与看涨期权相似。

Carter and Edwards(2001)[52]分析了 R&D 的风险源，具体包括以下几个方面。

(1) 技术和财务风险。研发项目常常需要较大的固定投资，公司可能无法维持支付固定的现金流，另外为支付研究费用而进行的债务融资增加了财务风险。

(2) 研发的市场风险。研制出来的产品可能不受市场欢迎，从而无法占有市场份额。

(3) 其他管理风险。研发项目的主要资助者可能无法继续资助、供应商突然无法提供 R&D 所需设备和由于管理不善而使计算机系统瘫痪等。

在 R&D 项目和技术的期权博弈研究方面，Smets(1991)[53]发表了公认的期权博弈理论的奠基性文章；Smit and Ankum(1993)[54]使用二叉树方法建立了需求演化模型，模型得出了与扩展式进入博弈的子博弈完美均衡相关的租(Rent)；Kulatilaka and Perotti(1998)[55]建立了一个双寡头垄断模型。

在技术合作创新模式研究方面，国外学术界从 20 世纪 80 年代开始逐渐展开。从目前研究进展来看，倾向于针对某一具体的组织进行分析，讨论合作伙伴选择、合作动因、组织结构设计、资源能力匹配、合作方式、冲突障碍解决与合作绩效、技术转移与技术学习等合作创新过程中面临的问题。

在合作创新的动因和优势研究方面，Mansfield、Rapoport、Wagner 和 Beardsley(1997)[56]在研究了美国的 17 项创新成果的基础上，发现创新的社会回报率远远超过创新企业自身的回报率。因此，企业在研究开发上的投资通常要少于社会最优投资，而合作创新在激励企业创新动力方面显示出许多优势。Robertson

和 Gatignon(1998)[37]等从交易成本的角度对合作创新动机进行了讨论。Sakakibara (1997)[38]等对合作创新的动机和优势进行了讨论。

在合作创新过程中的冲突与合作绩效研究方面，Cyert 和 Goodman(1997)[57]从大学——企业联盟面临的“进退两难的局面”对合作创新过程中的冲突进行了分析，认为合作创新过程中的冲突主要表现在 3 个方面。

(1) 由于各方在合作中的贡献难以计量，故产生对各主体投入的知识产权的保护及合作过程中形成的知识资产的产权归属问题。

(2) 在合作过程中，合作企业存在明显的机会主义倾向，会隐瞒一些重要的技术信息，影响合作预期目标的达成。

(3) 由合作关系形成的组织内部存在管理协调的成本。

Cyert 和 Goodman 针对以上冲突提出了提高合作创新效率，促进技术学习的途径，具体包括以下几个方面。

(1) 选择具有普遍性、易于推广、互利性的课题进行合作。

(2) 建立基于团队合作的工作小组。

(3) 建立过程监测和应变机制。

(4) 建立工作成员间的密切联系等途径。

Bouroche(1999)[58]指出要在产学研合作创新中实现“双赢”，需要在多方面作出努力。Branstetter 和 Sakakibara(1998)[59]对日本政府倡导的合作研究进行了大规模样本计量经济分析。他们发现对合作联盟的经常参与程度与研究投入及创新产出率呈正相关。

在技术“溢出效应”与合作创新的经济学分析研究方面，MacDougall(1960)[60]在分析外国直接投资(Foreign Direct Investment，FDI)的一般福利效应时，第一次把技术溢出效应视为 FDI 的一个重要现象。对不完全竞争市场结构下 R&D 合作的研究起源于 Katz(1986)[61]，而 Aspremont 和 Jacquemin(1988)[62]建立的存在 R&D 溢出的两阶段双寡头博弈模型(AJ 模型)为以后学者的研究奠定了基石。Poyago-Theotoky

(1995)[63]构建了一个具有溢出效应的简单寡头模型，检验了研究合资企业(RJV)的均衡和最佳规模。Ziss(1994)[64]构建了一个有溢出的两阶段 R&D 双边寡头博弈模型，将不合作方式与合作研发(R&D 勾结)、价格安排(在价格或生产阶段勾结)及合并(R&D 和生产阶段勾结)3 种勾结方式一一作了比较。Petit 和 Tolwinski(1999)[65]考虑到企业的创新潜力并不是依赖于其当前的研发投资水平，而是依赖于成长过程中研发投资的积累，采用了动态垄断模型；并且考虑到企业具有不同的特征，采用了非对称垄断模型。

在合作创新过程中的技术学习与企业核心能力研究方面，Smilor and Gibson(1991)[66]认为合作创新为有效的技术转移提供了一个新的形式，并且技术转移已成为研究开发合作组织成败的关键因素。Kogut(1988)[67]认为不仅仅因为市场的道德风险，还由于基于长时间经验累积之上的个人和组织的专用资本，使得合资等技术联盟形式成为一种次优的知识转移和交流的治理结构。Ingham 和 Mothe(1998)[68]观察了欧洲高技术企业参与的 R&D 合作联盟组织的学习过程，发现企业的技术学习能力、创新能力与以下 6 个因素有关：①合作方的相互信任；②企业中研究开发活动的集成性；③获得足够的互补性资产；④合作过程中各成员的参与程度和合作动机；⑤企业自身的研究开发经验；⑥技术联盟中企业的数量。Mothe 和 Quelin(1999)[69]归纳了合作创新过程中提高企业核心能力和资源的关键因素。

在技术模仿创新模式研究方面，国外学者对与之相关的国际技术转移方面作了较为广泛的研究。

技术模仿创新模式与国际的技术转移关系密切，国际的技术转移是国际经济学的重要问题之一，跨国公司又是国际技术转移的主要载体。Glass 和 Saggi(1998)[70]认为，东道国厂商与发达国家厂商之间的技术差距使得跨国公司必须承担更高的转移先进技术成本。Teece(1977)[71]、Mansfield 和 Romeo(1980)[72]、Ramachandran (1993)[73]的研究都表明确实存在国际技术转移的成本，而 Kumar(1994)[74]在实证中得出结论，技术转移的成本与被转移技术的先进程度正相关。实证分析结果表明，跨国公司在拉丁美洲的技术转移速度非常慢，很多厂商采用发达国家相对较旧的技术。Glass 和 Saggi[75]认为，技术输入国的政府必须制定促进模仿的政策以利于吸引先进技术。

在国家创新模式选择研究方面，由于发展中国家与发达国家处于不同的经济发展阶段和技术发展阶段，因此，近年来出现了从宏观角度探讨不同的发展中国家采用的技术创新模式，其中有较大影响的，如韩国学者金麟洙提出的“模仿创新论”等，该理论强调了发达国家和发展中国家应采用不同的技术创新模式[77]。

2. 国内技术创新模式相关研究概述

在技术自主创新模式研究方面，我国很多学者紧跟国外学者的研究，对 R&D 项目和技术的评价与决策方法作了一定的研究。在自主创新模式的 R&D 项目评价领域，陈劲、高佳卿[77-78]等指出，由于 R&D 项目的差别性很大，因此在 R&D 项目的选择与评价中，应根据不同类型的研发项目来选择评价方法，且将实物期权方法和传统方法结合起来使用往往更加实用。改进的净现值法就是将二者成功结合起来的方法之一，并结合案例给出了实证性的分析。郑德渊(2000)[79]等人以二叉树无风险套利模型与决策树为基础，建立了评价自主创新模式中 R&D 项目的实物期权方法。

卢丽娟、黄胜杰和钱刚毅(2003)[80]认为，为了全面评估技术 R&D 联盟的决策价值，一定要综合考虑影响联盟价值的重要因素的作用，并且兼顾到联盟的收益、成本、风险各个方面。因此，在 R&D 联盟决策中结合基于资源的理论和实物期权理论，不仅可以从价值创造的战略高度评估不确定条件下 R&D 联盟与独立研发各自的价值，而且还可以评估不同策略的组合价值，度量独立研发或其他战略目标对 R&D 联盟决策的影响，进行时机的最优化决策。杨艳芳、陈立文和王辉[81]的研究通过对技术研发管理中 5 种不确定性因素的分析，从研发产品性能水平这一因素入手，得出了在不确定性条件下研发项目的价值公式，并对最优的投资决策作出了分析。

在技术合作创新研究方面，我国目前尚处于初级阶段，研究文献更多集中在合作创新的必要性、动机、优势、途径、合作创新的组织模式等方面，缺乏对合作过程内在的机理、竞争、冲突的讨论和分析。

苏敬勤和王延章(2002)[82]把合作创新定义为各合作技术创新的要素主体以各种形式的合作方式为手段，以提高企业能力为标志，以各参与方的效用函数取得一致或效用函数的主要分量取得一致为目标的活动。

在技术“溢出效应”与合作创新的经济学分析研究方面，李平(1999)[83]认为技术“溢出效应”(Spillover Effect)是指通过技术的非自愿扩散，促进了其他企业技术和生产力水平的提高，是经济外在性的一种表现。在合作创新过程中的技术学习与企业核心能力研究方面，如何建立新的核心能力或使现有核心能力提高，以获得持续竞争优势是管理理论界和企业界共同关心的一个重要问题。陈劲、王毅、许庆瑞(1999)[84]研究认为，通过建立战略技术联盟形成外部网络，是能力建立与提高的一条重要捷径。另外，目前国内对在合作创新过程中的“技术学习与企业核心能力培养”研究方面的探讨主要集中在发展中国家从技术引进到形成自主创新能力的过程中，例如，创新学习(傅家骥、姜彦福、雷家骕，1992)[85]、研究开发中学习(王伟强、吴晓波和许庆瑞，1993)[86]、模仿学习(施培公，1999)[87]、组织学习(张钢，1999)[88]等。

在技术模仿创新模式研究方面，我国学者在技术引进的成本估算、效益等方面作了一定的研究。

王有贵(1998)[89]建立了一个模仿创新模式技术引进的估算理论模型，该模型表明决定技术引进总收益大小的参量有技术的增益、有效寿命、扩散率和极限规模，而提高技术扩散率是增加技术引进总收益的一个有效途径。

闫国庆(2002)[90]结合我国的现实对技术结构多元性与产业结构多元性问题进行了分析，对我国技术模仿创新模式技术引进及产业结构发展的层次性进行了探讨，指出了我国在技术引进的层次、目的、重点、方式等方面应实施战略性转变。

彭纪生、刘春林(2003)[91]从技术创新理论出发，剖析了自主创新与模仿创新内涵，运用博弈论从经济效益的角度建立了两种创新模式的博弈模型，最后综合论证并提出我国的理性选择是要以模仿创新模式为主。

汪碧瀛(2005)[92]从高新技术企业的 3 种基本创新模式出发，通过对高新技术企业内外部选择评价指标的分类归纳，建立了高新技术企业技术创新模式选择模型，并借助逼近与理想解的排序方法对模型进行了说明和求解。

胡望斌(2006)[93]提出“基于技术受限”因素来考虑创新模式选择研究，指出国家关键技术创新应该重视国外对华技术限制因素，来选择自主创新、合作创新、模仿创新模式。

在国家创新模式选择研究方面，我国浙江大学许庆瑞、吴晓波等从宏观角度探讨不同的发展中国家采用的技术创新模式，提出“二次创新模式”[94]，认为由于发展中国家与发达国家处于不同的经济发展阶段和技术发展阶段，故发达国家和发展中国家应采用不同的技术创新模式。

## 3.3 国内外相关领域的进一步研究

国内外学者在技术预见、国家关键技术选择、技术创新模式等方面做了大量研究工作，通过对这些研究工作进行分析、比较和借鉴，笔者认为还有以下问题可以进行深入研究。

(1) 技术预见与国家关键技术选择在我国刚刚兴起，其理论与方法还需要进一步研究与完善。目前，我国进行的技术预见与国家关键技术选择都是应用德尔菲法、专家会议法、头脑风暴法、情景分析法等定性分析方法，而对于定量分析的技术预见与国家关键技术选择的模型与方法研究还很少，值得进一步研究。

(2) 在国家关键技术选择研究方面，我国以前进行的国家关键技术选择研究都没有考虑未来市场需求这个现实和重要因素，因此，考虑市场需求因素的国家关键技术选择模型与方法有其现实意义。

(3) 国内外对自主创新、合作创新、模仿创新 3 种技术创新发展模式进行了较为广泛深入研究，但由于缺乏考虑到我国国家安全、经济安全、科技安全等因素以及国家关键技术特性(关键性、带动性、安全性、经济性)。因此，对国家关键技术的创新模式选择有待进一步深入研究。

(4) 综上所述，“技术预见理论、方法及关键技术创新模式选择研究”是一个在理论和方法上很值得研究的课题，对我国开展技术预见与选择以及技术创新研究具有重大指导意义，有必要深入研究。

## 3.4 研究假设、思路与逻辑框架

假设是理论演绎和科学论证的前提，本书的研究以如下三点假设为前提。

1. “资源稀缺性”假设

“资源稀缺性假设”是经济学研究的假设前提之一，如果没有这个前提，资源优化配置以及作为资源配置机制而存在的市场就都变得毫无意义。同样，没有这个前提，技术预见的探讨也将失去研究基础。科技的飞速发展并不能完全解决稀缺问题，因为发展本身就是一个资源配置问题，需要市场机制发挥作用。现实中的资源普遍是稀缺的，任何国家和地区在发展自己的科学技术事业时总要受到资源稀缺性的制约，任何国家和地区都不可能发展所有的科学技术领域，只能本着“有所为，有所不为”的原则有选择地发展对本国和本地区经济与社会发展最具价值的那些科学技术领域。因此，哪些重点领域、关键技术应该得到优先选择与发展，哪些技术可以诱导一些新产业，哪些技术可以用于改造和提升传统产业，哪些技术可以充当新的经济资源，哪些技术可以用来改善人们的生活质量等，这些都需要政府从社会总资源配置的视角进行全面合理规划，从科学发展观出发对将要进行的基础研究与关键技术开发进行合理选择。

2. “技术可预见性”假设

技术预见的兴起源于对决定技术发展轨迹的重要因素的重新认识，即技术发展和社会发展的相互作用决定技术发展轨迹，而不只是技术发展的内在逻辑起作用。日本著名技术评论家森谷正规曾对日、美、欧的技术进行过对比，发现每一国家的技术向来是该国文化的产物[95]。社会对技术轨迹的重要影响包含了这样的基本假定，即未来存在多种可能性，最后到底哪一种可能会成为现实，有赖于人们现在的选择。因此，预见涉及的不仅仅是“推测”，更多的是对所选择的未来进行“塑造(Shaping)”，甚至是“创造(Creating)”[96]。因此，才有可能在技术预见的基础上进行关键技术选择与创新模式研究。

3. “有限理性”假设

“经济人”假设是西方经济学的基本逻辑前提。传统经济学通常将“经济人”理解为一种工具主义意义上的理性者，认为他们具有有序偏好、完备信息和无懈可击的计算能力，会选择最能满足自己偏好的行为，是“理性经济人”。然而，理性人假设不断受到质疑，西蒙(Simon)、凯恩斯(Keynes)、哈耶克(Hayek)等经济学大师都曾对此进行过否定[97]。科斯(Coase)则极力主张放弃人是理性的效用极大化的这一观点，主张以实际的制度为出发点，恢复实际的人的显著特点。来宾斯坦则认为人具有双重性，完全理性的经济人是一种极端个别的情况，并提出了X效率理论。

实际上，在技术预见过程中，参与预见的专家也是有限理性的。由于个人预见能力有限，故可能会出现人为偏差、偏好倾向，从而有可能使调查结果偏离实际情况。同时，在德尔菲调查实际过程中，有些技术专家偏向自己的研究领域和研究方向，认为自己的研究领域和方向是对的，希望自己的研究领域能得到政府的资助，所以在技术课题选择时，有意识地给自己的研究领域和方向打高分，从而使技术预见结果出现人为偏差，因此技术预见过程和方法需要定量的科学计量学、文献计量学和专利分析等方法的分析和支撑，这样才能保证技术预见具有比较高的准确性和可靠性。总之，“技术可预见性”假设、“资源稀缺性”假设和“有限理性”假设是本书研究的出发点和立足点。

本书围绕技术预见与国家关键技术选择、技术创新模式等方面展开探索性研究，全书研究组织路线图如图 3-2 所示，希望为我国技术预见与选择及技术创新管理与决策提供理论方法支持。

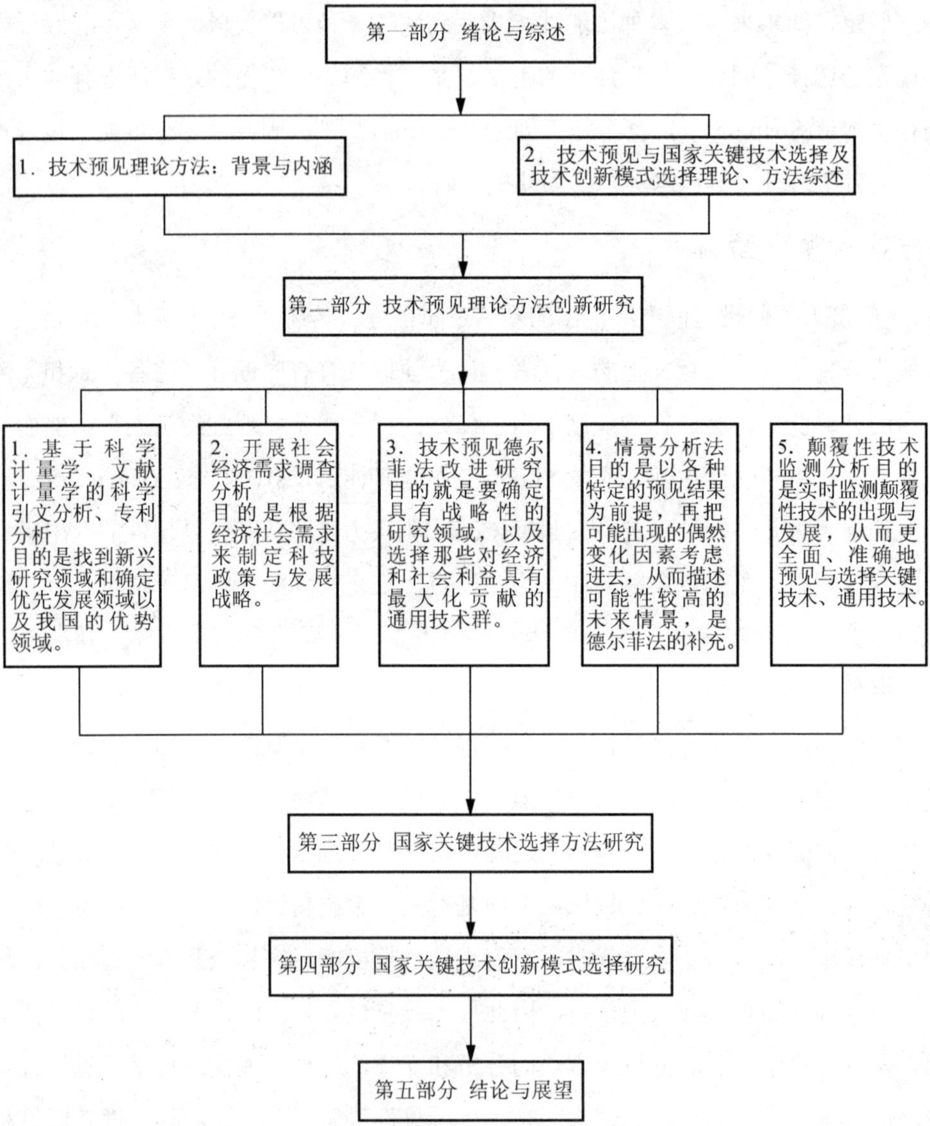


图 3-2 全书研究组织路线图

本书主要研究内容如下：本书首先运用引文分析方法、专利分析法、德尔菲法、情景分析法和社会经济需求调查法相结合的方法，探讨了技术预见理论、方法，同时对技术预见的传统方法——典型德尔菲法和大规模德尔菲法进行了改进，并且对颠覆性技术进行技术监测与跟踪分析，这些做法丰富了技术预见理论方法，从而提高了我国技术预见的准确性，并且建立了技术预见框架模型，为我国制定中长期科技发展规划及科技政策、满足产业界、科研机构的技术需求提供了理论方法支持；其次是关于国家关键技术选择方法研究，建立国家关键技术选择模型，进行国家关键技术选择；最后是关于国家关键技术创新模式选择研究，建立了国家关键技术创新模式最优选择模型。

# 第4章 技术预见理论方法创新研究

技术预见是对未来较长时期的科学、技术、经济和社会发展进行系统的研究，确定具有战略性的研究领域，选择对经济和社会利益具有重大贡献的关键技术群；通过采用科学、规范的调查研究方法，综合集成社会各方面专家的创造性智慧，形成战略性智力，为正确把握国家的技术发展方向奠定基础。技术预见方法在第二次世界大战以后，以惊人的速度向前发展，尤其是在20世纪90年代以后发展的速度更快。一是表现在预见方法越来越多，并且应用的范围越来越广泛，但每一种方法都有自己的优缺点和应用范围；二是预见方法的综合化和融合化，即技术预见很少采用单一方法，通常是各种方法的有机组合。例如，在2005年日本的第八次技术预见中采用了专家咨询法和大规模德尔菲法及专家民主投票法相结合来选择未来的关键技术。此外，技术预见方法还与科技规划的方法结合起来发挥作用，技术预见支撑科技规划的制定，科技规划的制定则需要技术预见，二者互相联系。

迄今为止，技术预见的方法多种多样。不同的技术预见目标或者不同的技术预见主体可能会选择不同的技术预见方法，或是若干个技术预见方法的组合。

常见的技术预见方法包括德尔菲调查法、情景分析法、相关树法、趋势外推法、技术投资组合法、专利分析法、文献计量方法和交叉影响矩阵法等。日本曾经对247个研究机构所用的预见方法进行了一次调查[99]，如图4-1所示。结果发现，德尔菲法、情景分析法和相关树法是进行长期预见的主要方法，非常适合于技术预见。但是，这三种方法的应用程度却不高，主要是由于这三种方法需要耗费大量的时间和经费。此外，专利统计分析也是一种非常有效和容易操作的方法，但预测的时间较短(5 年内)，仅适用于短期预测；基于网络的“虚拟研讨会”、交叉影响矩阵及模型模拟方法，其应用程度较差；而形态模仿法、技术投资组合法和趋势外推法显得操作性不够高。

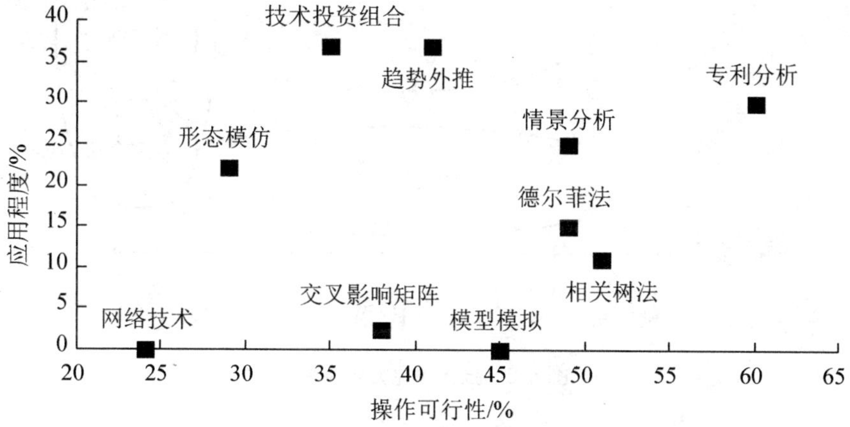


**图 4-1　技术预见常用方法**

本章节通过对国内外技术预见方法进行系统分析研究，提出技术预见组合法，即对技术预见主流方法——德尔菲法本身进行改进的同时，还采用了引文分析法、情景分析方法和社会经济需求调查分析方法，这四种方法协同工作进行技术预见。同时，针对颠覆性技术的预见，又增加了技术监测与跟踪分析，从而丰富和完善了技术预见理论方法。技术预见方法组合图如图 4-2 所示，4 种方法应用的相关领域如图 4-3 所示。这四种方法的综合运用弥补了仅仅使用德尔菲法的不足，兼顾了主观标准和客观标准，结合定性与定量方法，并将技术预见的核心领域从技术向科学、社会领域拓展，从主要关注工程技术向全面考察基础研究、应用研究与社会经济需求的相关领域拓展。综合上述，利用 4 种方法进行技术预见与关键技术选择，从而提高技术预见的准确性和针对性。

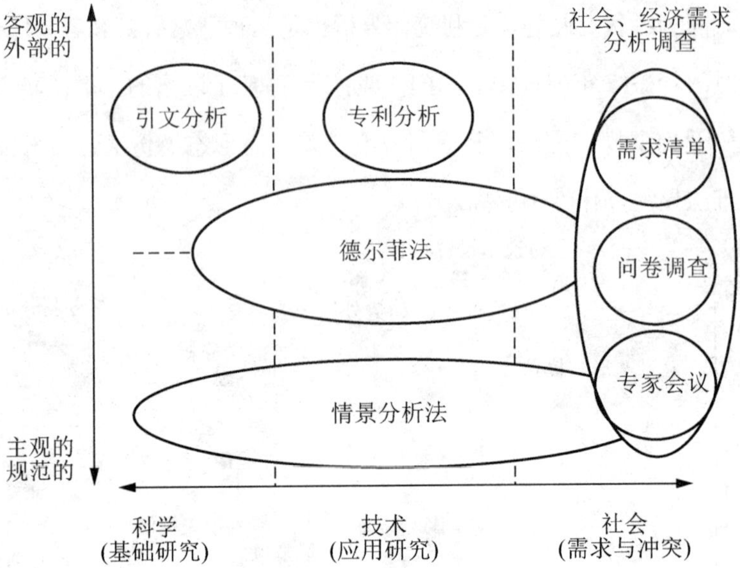


图 4-2　技术预见方法组合图

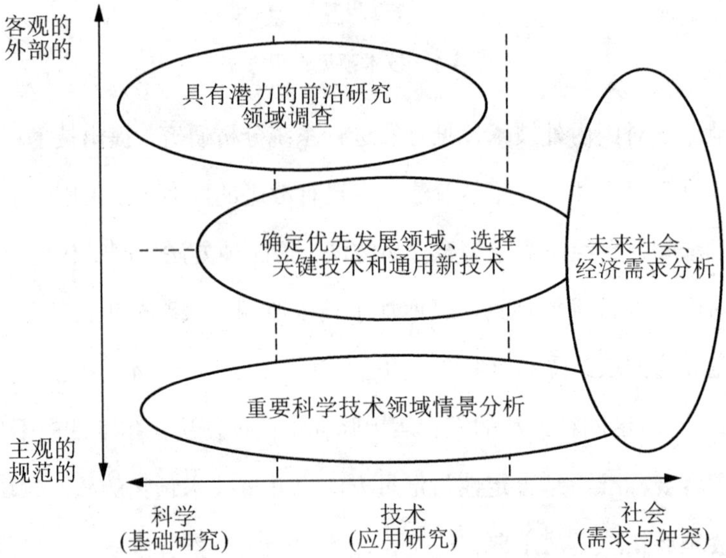


图 4-3　技术预见方法应用的相关领域

## 4.1 应用引文分析方法识别科学前沿研究领域

在全球科技竞争日益加剧的今天，如何能够科学、准确地把握科学技术研究前沿已经成为世界各国技术专家们进行技术预见和国家关键技术选择时关注的焦点，更成为各国政府制定科技发展规划和政策时面临的一大问题。正确识别世界科技研究前沿和热点领域，对于我国这样一个亟需提升科技竞争力的发展中国家来说，更是具有非常重要的战略意义。

随着我国“科教兴国战略”的实施，我国的科学技术和国民经济发展实现了多年连续高速增长，但是随着我国经济的发展，我国基础科学落后、技术发展后劲不足的缺陷越来越突出，自主创新能力薄弱的缺点日益明显。为了加大基础科学的研究力度，需要了解当今世界科技发展前沿与热点，所以在技术预见过程中增加了识别“前沿、热点研究领域研究(Study on Rapidly-Developing Research Area)”工作，并且作为技术预见四个板块工作之一， 这项研究是通过引文分析(Bibliometrics Analysis)等方法完成的。

这项研究的目的是在主要研究领域中识别快速发展的研究领域、热点领域，分析这些领域随时间变化情况以及我国在这些领域中所处的位置，从而了解我国在这些领域中的优势和劣势，并与其他 3 个预见板块(德尔菲调查、情景分析、社会经济需求调查分析)协同工作，为提高我国技术预见水平以及科学决策水平提供保障。

文献计量学的研究认为，文献间的“引用，被引用”的关系反映了一种知识流动和传播的现象。自从 Garfield[99]创立了引文索引以来，引文分析就开始展现出其特有的生命力。它综合了集合论、图论、聚类分析、多元统计以及多种数理方法，通过深入分析文献间互相引用的关系，在反映科学研究的前沿领域和发展态势、评价研究团队和个人的科研绩效、揭示学科特点和结构等方面都发挥着重要的作用。通常在基础研究——基础应用研究阶段，运用科学引文分析的方法找到国内外科学家最近几年的关注点，并分析这些关注点之间的内在联系，从而识别目前快速发展的前沿领域、热点研究领域。同时，结合本国国情可以找到未来需要重点关注的研究领域，从而为技术预见和国家关键技术选择服务，而这也有利于国家科技发展规划的制定。

### 4.1.1 识别前沿研究领域的方法综述

目前，许多研究学者都致力于识别和跟踪研究前沿的数量方法。研究前沿的瞬间转移特性向科学家、研究政策制定者和许多其他学者都提出了严峻的挑战——即如何能够始终跟上尖端科学快速发展的步伐。深入了解研究前沿的动态特征，对于科学家、科技政策的制定者和决策者从科学知识体系中探索到一些新的科技发展趋势显得十分重要。

研究前沿(Research Fronts)的实质就是指在某一个研究领域内的处于领先位置的成果和思想。这个概念最早是 Price[100]为了描述某一研究领域的瞬时性特征而提出来的。Price 通过研究发现学者通常愿意更多地引用近期发表的文献，这一特点也被称做即时因子。根据 Price 的定义，一个特定领域里的研究前沿通常由 30～40 篇近期发表、并被学者经常引用的文章组成的。事实上，Price 描述的这种即时现象也很好地印证了人们所熟知的文献衰退现象，而更早期的 Burton 和 Kebler[101] 就曾经推测期刊论文可以被分为具有两种截然不同半衰期的文献——经典的和短暂的。结合 Price 的定义，人们认为这里所说的“短暂的文献”从根本上来说恰好是与研究前沿相对应的。

Small 和 Griffith[102]首先提出了使用共引分析(Co-citation)来描述一个活跃的研究领域。这种方法是通过在引文网络中聚合一些高被引用文献得以实现的，其中的聚合方法就是共引聚类。当文献 A 和文献 B 被文献 C 及其他更多的文献同时引用时，则称 A 和 B 为共引。一对文献共引的频率越高，它们就越相似。利用文献间的相似性特征，人们就能够构造学科的层次结构，从而为洞察其变化趋势提供了直观的工具。

Braam[103]等人利用连续几年共引群之间的相似性研究了某学科领域在发展过程中呈现出来的连续性和稳定性。与 Small 的研究不同的是，共引群之间的相似性是由共词分析度量的。将共词分析与共引聚类结合在一起，可以从认知角度增强对学科领域的界定和理解。

Persson[104]为了进一步阐明研究前沿的本质，提出了知识基础的概念。在定义了“研究前沿是一个领域的尖端领域”这一前提下，知识基础被解释成为“被研究前沿引用的一组文献群”。在划分研究前沿和知识基础的过程中，共引频率的阈值大小直接决定了知识基础群的规模。随着共引频率阈值的不断降低，越来越多的文献被划分到知识基础群中。因为在识别研究前沿的过程中人们并没有严格规定什么样的被引用文献在该领域是活跃的，所以研究前沿文献群和知识基础文献群之间的区别往往并不是十分明显。这就使得部分文献在共引频率阈值较高时，属于研究前沿；而在共引频率阈值较低时，就被划分成为知识基础。

Moriss[105]在描述随时间变化的研究前沿时，使用了 Kessler[106]提出的文献耦合(Bibliographic Coupling)概念。当文献 A 和文献 B 同时引用文献 C 及其他文献时，则称文献 A 和文献 B 之间具有耦合关系。在使用文献耦合方法进行聚类时，首先确定一组时间和组成单元都固定的基础文献簇，那么同时引用这个基础文献簇的另一个文献簇则构成了研究前沿。从这里不难看出，文献耦合与共引分析在原理和操作方法实际上是对偶的，它们共同利用了文献之间互相引用的关系，通过聚合在某种程度上相似的一组文献，从而识别出某一个研究领域内的热点和前沿。

由于人们引用文献的动机和行为方面的复杂性，因此还不能用一个理想的线性函数来描述文献的相似性与共同引用(或被引用)次数之间的关系。但事实上，“引用相同文献的文章即属于同一个研究领域”这一思想已经被越来越多的人所认同，Vladutz 和 Cook[107]也对其进行了专门的验证。

### 4.1.2 科学引文分析理论与方法

#### 1. 引文分析的概念和意义

在科学文献体系中，科学文献之间并不是孤立的，而是相互联系的。科学文献的相互关系突出地表现在文献的相互引用方面。众所周知，一篇文章或一本著作在编写的过程中，一般都需要参考其他有关文献。因此，在发表科学论文或著作时，作者往往采用尾注或脚注等形式列出其“参考文献”或“引用书目”，这样就形成了科学文献之间的引用与被引用的关系，而引用文献是科学文献的基本属性之一，科学文献的相互引用关系是引文分析的主要依据。例如，如果论文 R 将论文 C 作为参考文献，则论文 R 就有了一篇参考文献 C，而论文 C 则有了一篇引用文献(引文)R。如果以射线箭头指向被引文献，而箭尾指向引用文献，就可清楚地表现出科学文献之间纵向继承和横向联系的交流态势，通常将这种相互引证的关系结构称为引文网络(Citation Network)(图 4-4)。

不难想象，不论图 4-4 对应于哪种专业文献的相互引证关系，也不论人们对于其专业内容如何无知，通过图 4-4 便可初步了解其中文献的相对重要性以及文献之间联系的相对密切程度。仍以图 4-4 为例，其中的文献 2，由于多次被引用，显然在该网络中占据突出的位置，而文献 7 和文献 9 则可能在专业内容或方法上有较大的相似之处，因为它们不约而同地引用了许多相同的文献。与此相似，文献 5 和文献 3 也可能具有文献 7 和文献 9 那样的关系，因为它们被一些文献分别共同引用。这些事实都说明通过对上述的引用与被引用关系的研究，人们有可能在学科联系与发展、文献的聚积和交流诸多方面获得有益的信息。

所谓引文分析(Citation Analysis)，就是利用各种数学及统计学的方法和比较、归纳、抽象、概括等逻辑方法，对科学期刊、论文、著者等各种分析对象的引用与被引用现象进行分析，以便揭示其数量特征和内在规律，达到预测、评价科学发展趋势目的的一种文献计量分析方法。

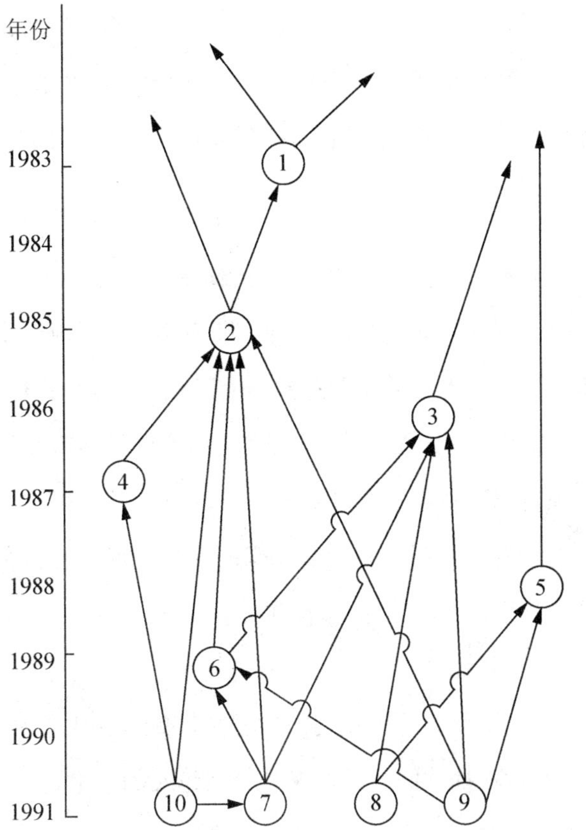


图 4-4　引文网络示意图(带有编号的圆圈代表文献)

引文分析是 20 世纪 20 年代才出现的。1927 年，P. L. K. Gross[129]等人进行了文献学史上第一次引文分析(另说是 1911 年)。他们统计了化学专业的某些期刊论文的参考文献并进行了分析，得出了化学教育方面的核心期刊。

在后来发表的文献计量学方面的论文中，有关引文分析的论文越来越多。例如，M. B. Line 和 A. Sandison 提出的文献老化问题，M. K. Buckland 讨论的文献老化与文献分散问题等，都是在引文统计的基础上进行的引文分析。由于各个学科、各个地区和各个时期的科学论文之间的引用现象往往有其自己的特征和规律，例如，它们可以反映出一篇论文、一个科学家、一种科学期刊在科学发展过程中所起的作用；反映出科学论文之间、科学家之间、科学期刊之间、科学专业，以及科学学科之间的相互联系与区别。因此，引文分析方法得到了广泛的重视和应用。实践证明，这种方法可以有效地应用于诸多领域，并正在发挥越来越大的作用。

2. 引文测度的指标概念

随着分析对象的不同，引文测度(Citation Measure)也有所不同。例如，对科学期刊进行分析常用的测度指标主要有 5 种，即引文率、影响因子、自引证率、自被引率和当年指标；在对专业或学科结构进行研究时，除用引文率外，还可用引文耦合和同被引等测度指标进行分析。引文是由测度指标来衡量的，人们可以根据不同的需要而规定出可从不同角度进行引文测度的各种指标。但这些指标都是由一篇篇科学论文之间的引用关系建立起来的，或者说是由引文率演变而来的。因此，引文率是各种引用分析中最基本的测度。下面介绍一些引文分析中常用的测度指标概念。

(1) 引文率：期刊引文率等于该刊中参考文献数除以载文量。

(2) 期刊载文量：在抽样时间内，某刊登载论文的数量。

(3) 期刊被引量：在抽样时间内，某刊被别的期刊引用的数量。

(4) 期刊引用量：这是与期刊被引量相对应的指标，即某刊引用他刊的次数。

(5) 影响因子(Impact Factor)：这是一种期刊中论文的平均被引率，等于期刊论文被引量与可引论文总数之比。通常，影响因子的实际计算方法是

$$\text{某年度某刊的影响因子}=\frac{\text{该年引用该刊前两年论文的总次数}}{\text{前两年该刊所发表的论文总数}}$$

影响因子指标的运用，可以消除由于载文量不同和质量不等的论文所对期刊被引率造成的影响，抵消较大或较老的期刊在被引率上所占的优势。这样，就能够对不同期刊的引用次数和质量进行比较，从而说明其利用效率和在科学上的重要性。

(6) 学科影响因子：学科影响因子与上述影响因子相类似。区别在于：影响因子是测度某一给定期刊中论文的平均被引次数；而学科影响因子则是测度某刊中论文被某一学科的核心期刊所引用的平均次数。

(7) 当年被引指数(Immediacy Index)：这是用于测度期刊被利用速度的指标，也是衡量期刊重要性的一种判断依据。它一般为期刊某年发表的论文的当年被引用的平均次数，即

$$\text{当年被引指数}=\frac{\text{某年度对该刊当年发表论文的引用次数}}{\text{当年发表论文的总数}}$$

(8) 引证系数和被引证系数：它是各种期刊或各学科文献之间引用关系的测度；可从引用或被引用的角度反映出科学文献相互引用的分类结构和关系。对于期刊来说，引证系数(引证率)是指某种(类)期刊引用另一种(类)期刊的次数在该种(类)期刊总引证次数中所占的百分比，可用下式表示。

$$\text{引证系数}=\frac{\text{某种(类)期刊引用另一种(类)期刊的次数}}{\text{该种(类)期刊的总引用次数}}\times 100\%$$

被引证系数(被引证率)是指某种(类)期刊被另一种(类)期刊引用的次数在该种(类)期刊被引用的总数中所占的百分比，可用下式表示。

$$\text{被引证系数}=\frac{\text{某种(类)期刊被另一种(类)期刊引用的次数}}{\text{该种(类)期刊的被引用的总次数}}\times 100\%$$

3. 引文分析的原理

文献的相互引用是由科学本身的发展规律和研究活动规律所决定的。科学学的研究反复表明，科学知识具有明显的累积性、继承性；任何新的学科或新的技术，都是在原有学科或技术的基础上分化、衍生出来的，都是对原有学科或技术的发展；也就是说，科学技术的发展是连续的。同时，由于科学的统一性原则，现有的各个学科之间都是彼此联系、相互交叉、相互渗透的。因此，任何一项科学研究，都必须在前人成果的基础上，通过吸取他人的经验来进行。这样，作为

科学知识的记录和科研成果的反映的科学文献也必须是相互联系的。在创作科学论文时，作者不可避免地要引用其他有关的文献，为论证自己的观点寻找依据，查考资料。在发表科学论著时，作者列出其所引用过的参考文献，一方面是为了说明引用资料的出处，以强调其可靠性，同时也便于读者查考、核对，或在此基础上进行更深入的研究；另一方面也说明作者讲究科学道德，尊重他人劳动。这都是科学活动中必须遵循的行为准则。由此看来，科学文献的相互引用是科学发展规律的表现，也是科学活动中普遍存在的一种必然现象。

4. 引文分析的类型和基本步骤

1) 引文分析的基本类型

几十年来，随着引文分析的广泛应用，其技术方法不断丰富，逐渐完善。从目前情况来看，引文分析大致有 3 种基本类型：从引文数量上进行研究，主要用于评价期刊和论文等；从引文间的网状关系或链状关系进行研究；科学论文间存在一种引用关系网，如 A 被 B 引、B 被 C 引、C 又被 A 引等，研究这种关系主要用于揭示学科的发展与联系，并展望未来前景；从引文反映出的主题相关性方面进行研究，主要用于揭示科学的结构和进行文献检索等。若从引文的其他不同特征出发，还可派生出许多类型的引文分析。例如，从引文的语种、国别、年代、作者等进行的引文分析。

2) 引文分析的基本步骤

利用引文分析方法进行研究时，一般都具有以下几个基本步骤。

(1) 选取统计对象。根据所要研究的学科的具体情况，选择该学科中有代表性的较权威的杂志，确定若干期及若干篇相关论文作为统计的对象。

(2) 统计引文数据。在选取的若干篇论文中，分项统计每篇论文后面引文的数量，引文的出版年代、语种、类型，论文作者的自引量等。统计项目可根据具体的研究目的和要求，灵活掌握，自行确定，或者直接从《科学引文索引》等工具中，选取有关的引文数据，作为引文分析的基础。

(3) 引文分析。在获取的引文数据的基础上，根据研究的目的，从引文的各种指标或其他不同的角度进行分析。例如，引文量的理论分布分析；引文量的集中、离散趋势分析；引文量随时间增长规律的分析；引文的主要指标分析，包括自引量、引文语种、文献类型、年代、国别等项目的分析。

(4) 作出结论。根据引文分析原理和其他一般原则进行判断和预测，从而作出相应的分析结论。在引文分析的基本步骤中，引文统计是关键的一环。人们无论采用哪种类型的引文分析，都必须在引文统计数据的基础上进行。因此，引文统计是引文分析的前提。在进行引文统计、搜集引文数据时，首先必须选准统计对象，即可提供引文资料的文献源。可供引文统计时利用的文献源有许多种，例如，述评性期刊以及其他基本出版物等。此外，还可以直接从原始期刊中的论文来统计引文数据。

目前，最为有用的可供进行引文分析的工具主要是美国《科学引文索引》(SCI)和《期刊引证报告》(JCR)以及《中国科学引文索引》等。事实上，也只有引文索引能够反映科学论文之间的引用和被引用关系；只有期刊引证报告能够反映期刊之间的引用和被引用关系。在进行引文分析时，可根据分析所要达到的目的和要求，选择适当的工具作为统计分析的对象。

### 4.1.3 科学共引分析理论与方法

共引(Co-citation)，又称共被引或同引。共引是指当两篇(或多篇)论文(参考文献)被别的论文同时引用时，则称这两篇(或多篇)论文(参考文献)有共引关系，并且以引证它们的论文的数量为强度。

对共引现象进行分析，使两篇或多篇没有外部联系的论文客观地被联系起来，从而揭示了一种科技文献之间错综复杂的结构关系。共引强度越大，则其关系越密切。共引分析就是以此为根据，来研究和评价科技文献之间的结构关系的。

所谓共引分析，是指以具有一定学科代表性的文献为分析对象，统计两两分析对象之间的共引强度，并以此作为分析对象之间相关程度的反映，来分析对象之间错综复杂的关系以及它们所代表的学科专业的结构和特点。

用共引分析(Co-citation Analysis)研究学科演进及变化的理论开始于20世纪70年代，由Small和Griffith以及伊琳娜·马莎科娃(Irina Marshakova)分别提出[132]。1973年，苏联信息科学家伊琳娜·马莎科娃和美国科学计量学家Small分别提出了把文献的共引分析作为计量文献之间关系的一种新的方法。当两篇文献共同出现在第三篇文献的参考文献目录中时，这两篇文献就成为被共引的关系。共引频率定义为这两篇文献一起被引用的频率。

Small把共引关系主要看做能够更详细地设计一个在科学领域内重要概念或思想之间关系的方法，从而得出了模拟科学专业知识结构的更真实的方法。解释强共引关系的含义必须根据主题相似的概念和各种思想的联系或同时出现。因此，共引分析也可以应用于信息检索。共引也可用于某一特定专业建立聚类文件和核心文献。

在共引图谱中，点表示文献，当相关文献对的共引强度等于或大于某一阈值时，两点就被连接起来了。一般情况下，用共引阈值可以得到不连通图，文献被分布在不同的子网络中，Small和Griffith在1974年所完成的一项研究中，把这些子网络解释为科学专业或分支专业。

当两篇文献(作者)被第三篇文献引用，就称这两篇文献(作者)存在共引关系；经常一起被引用的文献(作者)，则表示它(他)们在研究主题的概念、理论或方法是相关的。因此，共引分析认为文献(作者)共引的次数越多，它(他)们之间的关系就越密切，“距离”也就越近。利用现代的多元统计技术如因子分析、聚类分析和多维尺度分析等，则可以按这种“距离”将一个学科内的重要文献(作者)加以分类，从而鉴别学科内的科学共同体或无形学院。绘制“科学知识图谱”，使之可视化。同传统的学者个人归纳、访谈调查等主观分类方法相比，共引分析最大的优势是它的客观性、分类原则的科学性和数据的有效性[108]。

经过40多年的发展，特别是ISI提供的引文数据库使得引文结构的大样本统计分析越来越便利。共引分析已经成为研究科学结构和研究前沿的主流方法，并广泛应用于很多学科领域。除 Small[109]率先使用在信息科学领域以外，Gonzalex 和 Castro[110]还利用文献共引方法鉴别了管理科学的主要研究领域、理论和方法等。下面将着重介绍采用文献共引分析识别研究前沿的方法，其包括以下具体步骤。

(1) 首先，收集某一主题相关的文献及其参考文献字段，并建立被引文索引。

(2) 截取被引用次数超过一定阈值的论文(高被引论文)作为研究对象，认为它们代表当年该领域的重要研究活动。

(3) 建立引用矩阵，其中列元素是源文献，行元素是被引用文献。矩阵中的元素1代表其对应的列文献引用了行文献；0则表示它们之间没有引用关系。随后，一对被引用文献的共引频率就可以对它们分别对应的行元素求乘积得到。

(4) 采用单链聚类方法对被引用文献进行聚类分析。利用这种方法先随机选择一篇文献，然后搜索所有与其相关的文献单元，从而形成共引的文献簇。

(5) 根据聚类结果和前面统计出的共引频率，可以使用多维尺度分析绘制出研究前沿的结构图。多维尺度分析通过低维空间(通常是二维)揭示文献间的联系，并利用平面距离来反映文献之间的相似程度。图中文献间的距离 D 是由共引强度得到的，即共引强度越高的文献之间距离就越近。

(6) 对研究前沿的命名，则使用该文献簇中在文献题目中经常出现的词语或短语。在该领域专家的帮助下，最后就可以比较准确地揭示该学科领域中的研究前沿。

在整个结构划分和聚类分析过程中，有以下几个关键的问题是需要注意的。

(1) 在单链聚类方法产生出来的大小迥异的文献簇中，有一些文献簇往往会因为包含了过多的被引用单元而需要进行进一步分解，以便于人们更好地理解和分析。一般情况下，建议采用以下处理方法：首先将所有的共引链根据它们的被引频率按照递减顺序排列；在相同的被引用频率水平下，再根据 *NCC* 值进行递减顺序的排列。聚类首先从共引强度最高的共引链开始例如(A 和 B)。如果下一个共引链(B 和 C)与第一个共引链相关，就将第三个文献 C 加入到前两个文献中，形成了一个文献簇。如果某一个共引链与前面已经形成的文献簇不相关，就把它先归入“等待”队列，等待与其相关的新文献出现。这些处于等待队列中的文献有可能在其后的聚类过程中加入到文献簇中，也可能划分出一个新的文献簇。

(2) 共引频率阈值的选取对于控制文献簇中包含的被引用单元数来说十分重要。通常可以通过调节共引频率阈值的高低，来控制参与聚类过程的被引用单元数量，从而在一定程度上决定了该学科领域的范围。

(3) 共引强度通常用来衡量共引文献的相似性。在建立共引强度指标时，一般都根据文献的共引次数占它们各自的总被引次数比例来确定。Persson[111]使用了以下标准化共引强度指标 $NCC_{ij}$ (Normalized Co-Citation between cited units i and j)。

$$NCC_{ij} = \frac{4\left[\sum_{d=1}^{n} \frac{CC_{ijd}}{L_d}\right]}{C_i + C_j} \tag{4-1}$$

式中：$CC_{ijd}$ 为在文献 $d$ 中出现的文献 $i$ 和 $j$ 共引的情况(取值为 1 或 0)；

$L_d$ 为文献 $d$ 的参考文献列表中引用文献的个数；

$C_i$ 为文献 $i$ 被引用的总次数；

$C_j$ 为文献 $j$ 被引用的总次数。

当文献 $d$ 的参考文献列表中只包含 $i$ 和 $j$ 两篇文献时，这个指标就达到了最大值 1，这说明两篇文献的相似性达到了最大程度。

对广义的各种类型的共引关系的分析和研究，是引文分析的重要内容之一。它不仅能够丰富文献计量学的研究内容和方法，而且对于科学学、人才学、预测学等方面的研究都有一定的意义。共引分析又可以分为文献共引分析、期刊共引分析、作者共引分析、机构共引分析、学科共引分析等。

文献共引分析：文献的共引是一类最基本的共引关系。它主要体现了同被一的参考文献之间的结构关系，从而反映学科之间的某些联系。通过文献的共引相关群的分析，可进行文献学方面的理论研究。例如，从分析共引文献的类型、语种等入手，可以研究科学文献体系的特征结构以及分布、利用等方面的规律。通过文献共引群体网络及其变化，可进行科学学方面的研究。例如，研究学科之间的相互关系、联系特征和发展变化状况及趋势等。

期刊共引分析：期刊共引分析是指以期刊为基本单元而建立的共引关系。具体地来说，就是在$n$种($n \geq 2$)科技期刊的论文被其他期刊同时引用时，称这$n$种期刊具有“共引”关系。其共引程度以引用它们的期刊种数(或次数)多少来衡量，这个测度称为期刊共引强度或频率。期刊共引分析把数量众多的期刊按被引证关系联系起来，从而从利用的角度揭示了各学科期刊之间的相互关系和结构特征。根据期刊的共引关系及其强度，可以判断某些期刊的学科或专业性质。期刊共引分析也可以为确定核心期刊提供依据。期刊的共引关系反映了它们之间的某种学科或专业上的联系，如果共引频率较高，则说明这种专业关系比较密切，从而为确定学科的核心期刊提供依据。

作者共引分析：作者共引分析就是指在$n$个($n \geq 2$)作者发表的文献同时被别的文献作者所以用时，则称这$n$个作者具有共引关系。被引强度可由引用文献的作者数量来衡量，这种测度被称为作者共引强度或频率。

作者共引与文献共引是密切相关的，但它是以文献的作者为基本单元而建立的共引关系。它使为数众多的作者按照被引征的关系聚集成一个个作者相关群体，从而及时表现出学科专业人员之间的联系和结构特点，并进而反映出他们所从事的学科专业之间的联系及其发展变化趋势。当$n$位作者被某一专题文献的作者同时引用时，则可以认为这些作者以及引用作者都是该专题研究的同行，而且共引频率越高，说明他们之间的学科专业关系越密切。从同引作者群可以获得同行作者的数量、构成、活动规律等方面的许多情况。若把某专题研究的同行作者联系起来组成科学合作网络，开展合作攻关，将大大促进该课题研究的深入和发展。

作者的数量和结构变化，在一定程度上反映了学科的兴衰起伏、分化渗透等趋势。在共引关系网络中，作者数量和结构方式的变化可作为判断学科变化动态的一个依据。若定期分析这些方面的变化，则可以跟踪和推测学科或专业的发展趋向。

机构共引分析：所谓机构共引，是指两个(或多个)科技机构的科学家被别的科技机构的科学家同时引用时，则称这两个(或多个)机构有同引关系，并且以引证它们的机构数量为强度。

机构共引可以揭示各科技机构之间的关系。它可以为科技机构之间的交流、合作、共建、联络等方面提供参考的依据。

学科共引分析：学科共引分析是指以学科为基本单元建立的共引关系。如果属于$n(n \geqslant 2)$个学科的文献被别的学科文献同时引用时，则称这$n$个学科具有共引关系。共引程度以引用它们的学科的数量多少来衡量，称为学科同被引强度或频率。学科共引频率越高，说明这些学科的关系越密切，从而揭示了各学科之间或一个学科的各分支之间的结构关系和联系程度。通过共引关系，众多学科或专业聚集成一个个学科群体，形成学科群体网络，在微观上能够揭示某些学科间的相互交叉和依赖关系，从宏观角度可以在一定程度上反映科学体系的学科构成和结构特征。具有共引关系的学科群体在数量、结构方式等方面的变化，在某种程度上反映了学科的分化、渗透和综合趋势，继而追踪学科发展的过程及趋势。

### 4.1.4 实例

#### 1. 研究目的

日本2005年第八次技术预见过程中运用引文分析，其目的是在主要研究领域中识别快速发展的研究领域，分析这些领域随时间变化的情况以及日本在这些领域中所处的位置，从而了解日本在这些领域中的优势与劣势。

2. 过程与方法

通过引文分析开展快速发展研究领域研究的基本过程包括以下几个步骤。

(1) 选定引文分析数据库，界定论文时间范围和研究前沿。项目组选择了美国科学信息研究所(ISI)的托马森基本科学指标数据库，每个以其中1997—2006年间收录的论文作为基础数据。

(2) 确定研究前沿和快速增长的研究领域。在托马森基本科学指标数据库的研究前沿(Research Front，RF)数据库中，设置了22个科学门类、5 221项研究前沿。项目组从数据库中按照科学门类(Field)、研究前沿(RFs)抽取了每个年度一定比例的高引用论文。根据共引关系为高引用论文确定聚类关系，共得到大约20 000篇高引用论文，项目组根据论文共引关系(Co-citation)，开发一套确定研究前沿(RF)的新方法，确定研究前沿、具有潜力的研究领域。项目组将20 000篇高引用论文划分为679项研究领域(Research Area，RA)、3 960项研究前沿。按照一定时间内引文变化情况确定了987个热点前沿(Hot Rfs)。项目组设定包含有两个以上热点前沿的为快速发展领域，包括的热点研究前沿越多，该领域快速发展的属性越高，越是核心的快速发展领域。最后，课题组得到153个快速发展研究领域，其中包括4个以上热点前沿的快速发展领域51个[112]。

3. 研究结果及其表达

根据高引用论文及其引用关系可以得到每个具体快速发展领域的研究内容、相关关系与结果进展谱图。研究报告中以蛋白体学(Proteomics)为例展示了具体领域的研究成果及其表达。

项目组确定的153个快速发展研究领域分布在21个科学分类中，见表4-1。课题组邀请专家就每一个快速发展领域进行详细、深入地阐释和说明，内容包括领域名称、总论、背景、专家本人对此领域发展态势的评估和未来发展的预测等。

表 4-1 153 个快速发展领域在各学科门类中的分布[112]

| 学科分类 | 包括的研究领域数量及序号 |
|---|---|
| 临床医学 | 25(1～25) |
| 农业科学 | 1(26) |
| 生物与生物化学 | 1(27) |
| 化学 | 14(28～41) |
| 免疫学 | 2(42～43) |
| 微生物学 | 2(44～45) |
| 分子生物学与基因 | 1(46) |
| 动植物科学 | 9(47～55) |
| 经济与商业 | 2(56～57) |
| 环境科学与生态 | 4(58～61) |
| 地球科学 | 5(62～66) |
| 神经科学与行为 | 2(67～68) |
| 心理学 | 4(69～72) |
| 社会科学总论 | 3(73～75) |
| 计算科学 | 1(76) |
| 工程 | 6(77～82) |
| 材料科学 | 1(83) |
| 数学 | 3(84～86) |
| 物理学 | 12(87～98) |
| 空间科学 | 1(99) |
| 交叉科学 | 54(100～153) |

4. 利用引文分析开展定标比超

日本快速发展领域研究组还将引文分析应用于定标比超(Benchmarking)，153 个快速发展研究领域是很合适的比较内容，这些内容可以有详尽的数据支撑，比较对象是日本心目中的竞争对手或科技界领袖。这种比较可以在总体层次进行，也可以在具体研究领域进行。在总体层次上，项目组通过雷达图非常直观地比较了日本与美国、英国、德国、法国、中国、韩国在不同时间段(1983—1987、1991—1995、1999—2003)，在化学、材料科学、物理、计算科学与数学、工程、环境科学—生态科学—地球科学、临床医学、基础生物学几个科学门类间的发展水平、优劣势和态势变化。

## 4.2 其他科学计量学方法

### 4.2.1 科学词频分析方法

词频分析法是利用能够揭示或表达文献核心内容的关键词或主题词在某一研究领域文献中出现的频次高低来确定该领域研究热点和发展动向的文献计量方法。由于一篇文献的关键词或主题词是文章核心内容的浓缩和提炼，因此如果某一关键词或主题词在其所在领域的文献中反复出现，则可反映出该关键词或主题词所表征的研究主题是该领域的研究热点。

词频分析方法是文献计量学的传统分析方法之一，其所依据的基本理论为齐普夫定律。在文献中，不同词汇的使用和出现频率是有一定规律的。为了发现和揭示这种规律，许多学者进行过探索。这些有关词频分布规律的研究和成果，为齐普夫定律的形成奠定了必要的基础。1935 年，齐普夫以大量统计数据对词频分布规律进行了系统研究。齐普夫在他以前研究的基础上，又收集了大量统计材料，并进行了系统的分析，发现在任何一篇文章中，词的出现频率都服从以下规律：如果把一篇较长文章(约 5 000)中每个词出现的频次统计起来，按照高频词在前、低频词在后的递减顺序排列，并用自然数给这些词编上等级序号，即频次最高的词等级为 1，频次次之的等级为 2，……，频次最小的词等级为 D。若用 $f$ 表示频次，$r$ 表示等级序号，则有

$$f \cdot r = C \tag{4-2}$$

式中：$C$ 为常数。

但这里的常数并不是绝对不变的恒量，而围绕一个中心数值上下波动。式(4-2)

与齐普夫以前验证过的定量形式是一致的，称为齐普夫定律(或称齐普夫第一定律)[113]。

词频分析方法被国内外的许多科学计量学研究者应用于学科前沿的研究。例如，中国科学计量学家梁立明借助词频分析方法研究了56位情报学家对科学的关注视角及解读方法；荷兰科学计量学家用共引分析与词频分析相结合的方法，绘制出了生物化学领域研究前沿的知识图谱等。

在对论文的标题进行词频分析时，首先借助词频分析软件将论文标题中使用的单词按照出现的频次由高到低进行降序排列，然后将一些没有特殊意义的单词从词频列表中删除，如一些虚词、形容词、连词、介词等，同时也删除那些在科学研究中被普遍应用的、没有代表性的单词，如研究(study)、分析(analysis)等。将词根相同的单词以及含义相似的单词归并同类项，作为一个词汇处理，如将science、sciences、scientific都作为“科学”进行统计，将world和international都作为“世界”进行统计等。

### 4.2.2 多元统计分析方法

多元统计分析是对若干(可能)相关的随机变量观测值的分析。“维度降低技术”是多元统计分析的一个特征，其中包括因子分析(主成分分析)、多维尺度分析和聚类分析。在几何学上，这一简化过程是将高维空间中的目标投影到低维空间(通常是二维)。这些方法将在关系矩阵上运算。典型的例子就是引文分析。例如，在固定的学科范围选择一组期刊，并研究该期刊群组的共引矩阵。

相关分析是研究变量之间密切程度的一种统计方法，包括双变量相关分析、偏相关分析和距离相关分析。在本研究中，使用距离相关分析将原始共引矩阵转化为相关矩阵。距离相关分析用于计算变量之间的相似性测度[114]。

因子分析(Factor Analysis)的基本目的就是用少数几个因子来描述许多指标或因素之间的联系，即将比较密切的几个变量归在同一类中，每一类变量就成为一个因子，以较少的几个因子来反映原始资料的大部分信息。其中的主成分分析法把给定的一组变量通过先行变换，转换为一组不相关的变量，在变换的过程中，保持变量的总方差不变，同时是第一主成分具有最大方差，依次类推[115]。Egghe认为，将主成分分析与科学计量学分析相结合，就可以确定研究人员群体或是一个国家内不同学科领域的分布状况。

多维尺度分析(MDS)通过低维空间(通常是二维空间)展示作者(文献)之间的联系，并利用平面距离来反映作者(文献)之间的相似程度。在知识图谱中，作者(文献)的位置显示了他们之间的相似性，有高度相似性的作者(文献)聚集在一起，形成科学共同体(学科前沿)。并且，处于中间位置的作者(文献)与其他作者的联系越多，在学科里的位置也越核心；反之，则越孤独，越处于外围。因此，通过多维尺度分析，某研究领域、思想流派或其他学术共同体在学科里的位置就很容易判断。同因子分析相比，MDS 的图形显示结果更加直观和形象，但在确定各个学术群体的边界和数目时，MDS 则无法与因子分析抗衡，因此，通常都需要同时借助因子分析的结果，进行共引知识图谱的绘制。

聚类分析是最常用的多元统计分析方法之一，它的研究起点也是原始数据的矩阵，目标同样是获得点的二维图。因此，聚类分析属于降低维数技术的范畴。不过，聚类分析主要与自然群(聚合)的识别有关。聚类分析是与主成分分析、多维尺度分析或因子分析等结合使用的。

使用引文分析、共引分析、词频分析等文献计量学、科学计量学的方法识别研究前沿，并绘制科学共同体结构已经成为文献计量学、科学计量学领域中一个十分重要的分支。它不仅能够为各个领域的学者提供重要的学科发展趋势的相关信息，帮助他们更好地融入主流研究领域；更能够为科技政策和科技规划的制定，例如设置科技奖励、扶持重点发展方向等，提供比较科学、准确的依据。

### 4.2.3 实例

本实例介绍科学计量学专家梁立明运用词频分析法来分析中国纳米科技前沿研究领域成果。1997 年加拿大蒙特利尔大学的 Robert Dalpe 教授与他的研究组曾完成了一份关于世界纳米科技研究状况的计量分析报告[116]，提交给了加拿大国家研究理事会(The National Research Council of Canada，NRC)。这份报告的研究意图很明确，就是要提供国际纳米科技发展的量化信息，以使国家关于纳米科技研究与发展的决策更具科学性。研究报告所用的基本数据库是 INSPEC(1989—1996)，但是 INSPEC 较少涉及化学方面的内容，而纳米科技也是当前化学研究的一个重要领域，因此 SCI 数据库的化学部分(1991—1996)被用做 INSPEC 的补充。专利分析的主要依据是美国专利数据库(1987—1996)。研究报告以加拿大 NRC 确定的 79 个纳米科技关键词为依据，采用词频分析的方法，不仅分析了全球范围内纳米科技论文的产出，而且分析了世界各国纳米技术专利的分布。报告的基本结论是，20 世纪 90 年代世界纳米科技迅速发展，美国和日本是该领域的强者，而加拿大纳米科技研究相对落后。加拿大学者的报告有几处涉及中国，例如，中国纳米科技的研究方向、论文产出、专利申请及纳米科技的主要研究机构等，大体勾勒出中国在世界该研究领域的学术地位。

了解了国际同行的工作，有必要做一项补充性的关于中国纳米科技发展状况的研究。因为中国有大量关于纳米科技的论文是发表在国内学术期刊上的，有许多专利是在国内申请的，所以要想全面了解我国纳米科技研究进展，必须对发表在国内期刊上的论文和在国内申请的专利也作一些计量分析，并与加拿大报告分析的中国在国际上发表纳米科技论文及申请专利的情况作些比较。

1. 中国在国际纳米科技研究领域的地位

加拿大研究报告界定纳米科技的依据是加拿大 NRC 提供的 79 个关键词。按 79 个关键词进行检索，INSPEC 数据库中 8 年出现频次较高的 50 个关键词所涉及的论文共计 25 484 篇(Robert Dalpe, et al. 1997)。对这 25 484 篇论文按国别进行分类，在论文最多的 10 个国家中，位居第一的美国纳米科技论文共计 7 927 篇，占世界纳米科技论文的 31.1%；日本 3 867 篇，占 15.2%，排在第二位；中国以 1 020 篇排第七位，所占的份额是 4.0%。进入前 10 位的其他 7 个国家分别是德国(2 815 篇)、英国(1 302 篇)、俄罗斯(1 296 篇)、法国(1 266 篇)、意大利(620 篇)、瑞士(522 篇)和加拿大(506 篇)。由此看来，我国在国际纳米科技研究领域是占有一席之地的。加拿大报告还研究了这 25 484 篇论文的机构分布，列出了世界上论文最多的 90 个研究机构。在这 90 个研究机构中，有中国的 6 家。报告还列出 40 个出现频次最高的纳米科技关键词的国家分布。这些关键词的频度分布可以大体勾勒出各国的研究领域。表 4-2 列出中国纳米科技论文的主要关键词以及与美国、日本和世界主要关键词的比较。选择美国和日本进行比较，因为他们是世界纳米科技研究的主要力量。从表 4-2 看出，中国按频次排序前 12 位的关键词与美国、日本及世界前 12 位的关键词基本一致，特别是，中国排序前 3 位的关键词同时也是世界前 3 位的关键词。这表明我国纳米科技研究的主流方向与世界是一致的，但关键词具体位次的差异也反映出我国纳米科技研究的优势与劣势。

表 4-2 中、日、美主要纳米科技关键词分布比较(1989—1996)

| 关键词 | 中国 | | 美国 | | 日本 | | 世界 | |
|---|---|---|---|---|---|---|---|---|
| | 频次 | 位次 | 频次 | 位次 | 频次 | 位次 | 频次 | 位次 |
| Nanocrystal | 303 | 1 | 730 | 4 | 298 | 6 | 2 899 | 2 |
| Fullerene | 113 | 2 | 860 | 3 | 332 | 5 | 2 618 | 3 |
| Scanning tunneling microscopy | 85 | 3 | 1402 | 1 | 716 | 1 | 3 964 | 1 |
| Nanostructure | 70 | 4 | 475 | 5 | 140 | 12 | 1 385 | 9 |
| Quantumwire | 61 | 5 | 454 | 8 | 432 | 2 | 1 833 | 5 |
| Electroluminecence | 58 | 6 | 254 | 12 | 322 | 4 | 1 556 | 8 |
| Atomic force microscopy | 51 | 7 | 870 | 2 | 366 | 3 | 2 195 | 4 |
| Quantum dot | 51 | 8 | 457 | 7 | 235 | 7 | 1 670 | 7 |
| Laser…deposition | 48 | 9 | 471 | 6 | 152 | 11 | 1 746 | 6 |

续表

| 关键词 | 中国 | | 美国 | | 日本 | | 世界 | |
|---|---|---|---|---|---|---|---|---|
| | 频次 | 位次 | 频次 | 位次 | 频次 | 位次 | 频次 | 位次 |
| Nanocrystal material | 46 | 10 | 65 | 22 | 8 | 31 | 254 | 21 |
| Conductive polymer | 41 | 11 | 275 | 11 | 184 | 8 | 1 029 | 11 |
| Giant magnetoresistance | 37 | 12 | 295 | 10 | 167 | 9 | 751 | 12 |

注意到对于关键词 Nanocrystal，它在美国排序第四，在日本排第六，在中国排第一，共计出现 303 次，频次甚至超过了日本。与此相关的另一个关键词是 Nanocrystal material，在中国排序第十，美、日和世界分别排序 22、31 和 21 位。由此可以看出，我国在纳米晶及纳米晶材料研究方面具有明显优势。在看到我国研究优势的同时，也发现了我国的研究弱项。有两个值得注意的关键词，即 Scanning tunneling microscopy 和 Atomic force microscopy。前者在美、日及世界均排序第一，而在中国排序第三，频次仅为 85，是中国排序第一的关键词 Nanocrystal 频次的 28%；后者的中国位次是 7，而美、日分别是第二、第三位。Scanning tunneling microscopy 和 Atomic force microscopy 代表的研究方向是对纳米尺度的表征和监测工作，其相对频次少，相对位次落后，反映出我国在这方面研究的相对弱势。

专利分析可视为纳米科技从基础理论研究和应用研究向实用化目标的延伸迈进，是理论成果与产业化的连接标志。加拿大报告将美国专利数据库 1987—1996 年作为最基本的数据来源，仍然依据纳米科技关键词筛选有关纳米科技的专利。关于专利的研究主要包括专利的归属和分类以及与专利相关的科学文献。研究结果表明，美国和日本是专利最多的两个国家，专利数远远超出其他各国，涉及的技术领域也最广，专利关键词词频也最高，各占词频总数的 59%和 23%。其他 4 个专利较多的国家是德国、法国、英国和加拿大。报告列出中国的 11 项专利，有 5 项与 Conductive polymers 相关，3 项与 Colloidal particles 相关，其余 3 项的关键词是 Nanostructures(2 次)和 Scanning tunneling microscopy(1 次)。值得注意的是，在纳米科技领域中，中国专利数最多的技术领域与世界上专利最多的技术领域是一致的。

2. 我国纳米科技研究国内成果涉及的领域及研究动向

如果将在国际上发表的论文和申请的专利简称为我国纳米科技研究的国际成果，那么在国内期刊发表的论文和在国内申请的专利可简称为我国纳米科技研究的国内成果。通过尝试运用关键词词频分析的方法，考察我国国内纳米科技论文和专利涉及的领域、研究热点及研究弱项。

加拿大 NRC 提供的 79 个纳米科技关键词涉及非常广阔的领域，这与纳米科技的多学科性是一致的。这些学科分支和技术手段包括分子化学、蛋白质工程、分子生物学、扫描隧道显微镜技术等。为与国际同行的研究接轨，确保研究工作的全面性和权威性，本论文仍以加拿大 NRC 提供的 79 关键词作为界定我国国内纳米科技论文与专利的标准。

研究所用的数据库有两个：论文数据检索来自中国期刊网题录数据库(http://www.wh.cnki.net)[117]，该数据库源期刊 5 300 余种，选用了除教育及人文社会科学外的所有科技类专辑；专利数据源于中国专利信息网(http://www.patent.com.cn)[118]，论文和专利统计的时间跨度均为 1994—2001 年。

1) 论文关键词词频分析

论文借助中国学术期刊光盘版检索所有期刊提供的全部中、英文论文题目、关键词和摘要，寻找与 79 个英文关键词对应的中文关键词。最终，79 个英文关键词中有 50 个找到了其对应的中文含义。这 50 个关键词中有 43 个是加拿大报告中出现频次多于 20 次的关键词。就找到中文含义的 50 个英文关键词而言，中英文关键词的对应并不都是一对一的关系，往往一个英文关键词对应多种中文译法。例如，与英文关键词 Dendrimer 对应的中文关键词就有 11 个。因此，界定所有对应的中文关键词均为纳米科技关键词。如此处理之后，找到可用于界定纳米科技的中文关键词共计 122 个。用已确定的 122 个中文关键词在中国期刊网题录数据库中进行检索，检索范围不仅包括每篇论文列出的关键词，也包括论文篇名。用这种方法，查找出 1994—2001 年该库中与纳米科技相关的关键词共计 6 084 频次，包含这些关键词的论文共计 5 616 篇。在检索过程中发现，大量论文列出中文关键词“纳米”，作者给出的对应英文关键词是 Nanometer 或 Nano，但这两个词在 79 个英文关键词中均不是单独出现的。为解决这一问题，专门以中文“纳米”二字作了检索。将检索结果与前面用 122 个关键词检索的结果合并，剔除重复检索的论文后，总计是 8 290 篇论文。

为与加拿大报告相对应，以便进行比较，也为使研究结果简化，将检索出的中文关键词又还原为对应的英文关键词，并将词频居前 20 位的关键词列入表 4-3。

表 4-3 中国期刊网题录数据库纳米科技关键词频次分布(1994—2001)

| 关键词 | 1994 | 1995 | 1996 | 1997 | 1998 | 1999 | 2000 | 2001 | 总频次 | 位次 |
|---|---|---|---|---|---|---|---|---|---|---|
| Nanocrystal | 46 | 79 | 52 | 86 | 104 | 99 | 133 | 102 | 701 | 1 |
| Nanoparticle | 16 | 27 | 26 | 52 | 63 | 111 | 161 | 198 | 654 | 2 |
| Nanotechnology | 8 | 20 | 17 | 20 | 20 | 32 | 81 | 296 | 494 | 3 |
| Electroluminecence | 22 | 33 | 40 | 58 | 66 | 61 | 93 | 69 | 442 | 4 |
| Atomic force microscopy | 13 | 25 | 27 | 30 | 38 | 69 | 63 | 74 | 339 | 5 |
| Scanning tunneling microscopy | 40 | 32 | 41 | 52 | 36 | 51 | 30 | 43 | 325 | 6 |
| Nanocomposite material | 4 | 2 | 10 | 14 | 25 | 46 | 81 | 114 | 296 | 7 |
| Carbon nanotube | 3 | 8 | 6 | 18 | 34 | 43 | 72 | 96 | 280 | 8 |
| Fullerene | 22 | 31 | 41 | 42 | 36 | 32 | 35 | 23 | 262 | 9 |
| Conductive/conducting polymer | 19 | 18 | 35 | 27 | 26 | 31 | 29 | 38 | 223 | 10 |
| Quantum dot | 5 | 3 | 11 | 30 | 28 | 24 | 45 | 29 | 175 | 11 |
| Quantum effect | 15 | 13 | 13 | 19 | 22 | 21 | 23 | 19 | 145 | 12 |
| Giant magnetoresistance | 2 | 7 | 3 | 21 | 30 | 34 | 23 | 21 | 141 | 13 |

续表

| 关键词 | 1994 | 1995 | 1996 | 1997 | 1998 | 1999 | 2000 | 2001 | 总频次 | 位次 |
|---|---|---|---|---|---|---|---|---|---|---|
| Laser deposition | 7 | 15 | 21 | 17 | 20 | 20 | 20 | 18 | 138 | 14 |
| Nanostructures ceramic | 5 | 11 | 8 | 14 | 17 | 26 | 22 | 35 | 138 | 15 |
| Nanostructure | 1 | 9 | 5 | 9 | 8 | 26 | 17 | 41 | 116 | 16 |
| Mesoscopic system | 5 | 7 | 8 | 10 | 13 | 19 | 21 | 26 | 109 | 17 |
| Colloidal particle | 9 | 10 | 8 | 11 | 11 | 13 | 26 | 18 | 106 | 18 |
| Nanocrystal silicon | 6 | 12 | 14 | 17 | 12 | 13 | 12 | 16 | 102 | 19 |
| Luminesc porous silicon | 23 | 24 | 9 | 8 | 9 | 8 | 8 | 9 | 98 | 20 |

在表 4-3 中，总频次最高的关键词是 Nanocrystal，这和表 4-2 中我国国际论文频次最高的关键词是一致的，尽管二者所依据的数据库不同，统计时段也不一致。表 4-3 中排序第 2 的关键词是 Nanoparticle，总词频远高于位居第 3 位的 Nanotechnology 和第 4 位的 Electroluminecence。排序第 5 和第 6 位的分别是 Atomic force microscopy 和 Scanning tunneling microscopy。看来，国内有关纳米尺度的表征和监测工作的相关成果也不算多，对国内外论文做词频分析得出的结论完全相同。排序第 7～10 位的关键词都与纳米材料相关。

从表 4-3 中看出，在 1994—2001 年的 8 年中，我国国内论文涉及的纳米科技关键词总词频大幅度攀升，从 1994 年的 322 次增加到 2001 年的 1 440 次，平均年增长率达 23.8%。根据关键词词频的绝对增减状况，将关键词分为四类：第一类词的词频逐年迅速增长，例如，Nanoparticle、Nanotechnology、Nanocompositematerial、Carbonnanotube；第二类词各年度词频相对稳定或增幅不大，例如，Scanning tunneling microscopy、Fullerene、Conductive/conducting polymer、Quantumeffect；第三类词的词频随时间推移不增反降，最典型的是 Luminesc porous silicon；第四类词则是从无到有，例如，Molecular self-assembly、Nanostructured material 和

Nanocluster。此外，还特别注意到，总词频排序第 1 的 Nanocrystal 和排序第 4 的 Electroluminecence，2001 年词频突然降低，而 Nanotechnology 一词的词频 2001 年猛增 2.7 倍。关键词词频分析从成果数量的角度反映出我国国内纳米科技的研究热点和研究弱项。

(1) 持续不变的研究热点依然是纳米材料。国内纳米论文中 8 年总频次最高的关键词是 Nanocrystal，这与加拿大报告中我国国际论文频次最高的关键词是一致的。中科院副院长白春礼院士在总结我国纳米科技发展状况时曾特别提出，我国的纳米科技研究在纳米材料方面取得了重要进展，得到了一些很出色的成果，引起了国际上的关注。在国内论文中，关键词 Nanoparticle、Nanocomposite material 和 Carbon nanotube 的词频增幅均远大于总词频的增幅。其中，Carbon nanotube 词频的增幅最大，从 1994 年的 3 次上升到 2001 年的 96 次。显然，碳纳米管已成为近年来的研究热点与发展方向。纳米科技专家张立德教授在谈到我国引起国际上关注的重大成果时曾特别举出碳纳米管的例子，这方面的研究成果包括大面积定向碳管阵列合成，超长纳米碳管制备，氮化镓纳米棒制备等(张立德 2000)[119]。

(2) 相比而言，扫描隧道显微镜和近场光学扫描显微镜等有关纳米尺度的表征和操纵技术方面的研究未受到应有的重视。关键词 Scanning tunneling microscopy 在国内论文中总频次排序第 6，比加拿大报告中的位次还落后 3 位。8 年中该词词频一直在 30～50 间波动。近场光学扫描显微镜词频近两年大幅度下降。在纳米科技总词频大幅攀升的背景下，词频相对稳定或增幅较小的关键词所表征的研究方向实际上是在萎缩或停滞不前。词频降低的关键词代表的研究方向萎缩更快。纳米专家曾谈到，在当前纳米科技概念中似乎忽视了纳米尺度的表征和监测。纳米尺度是如此之小，没有重要的工具和系统的表征、监测，纳米科技研究只能是一句空话，而扫描隧道显微镜和原子力显微镜等公认是实现纳米微观表征和操纵的主要技术(尤政等 1994)[120]。

(3) 总体看来，与纳米器件研究相关的关键词词频较低，增速较慢。例如，Quantum computer、Single electron transistor、Molecular switch、Single electron device 等关键词总词频排序都在 25 位之后，8 年总词频都不超过 50，而纳米科技的基本内容之一是设计与制备各种纳米器件与装置。纳米器件的研究水平和应用程度表示着一个国家纳米科技的总体水平，对信息产业及社会、经济、国防的关联度最大，需要的投入也最大，而我国在这方面投入较少、基础薄弱(解思深 2000)[121]。

2) 专利关键词词频分析

与纳米科技论文的检索方式类似，依然按已确定的 122 个中文关键词进行检索，在中国专利信息数据库中查找出 1994—2001 年纳米科技关键词 693 频次，包含这 693 频次关键词的专利共计 648 项。与论文关键词处理方式相同，在中国专利信息数据库中检索出 1994—2001 年与纳米科技相关的关键词 35 个共计 693 频次，包含这 693 频次关键词的专利共计 648 项。这 35 个关键词全部包含在 50 个论文关键词中，表明了我国与纳米科技相关的专利涉及的范围与论文相同，但小于论文的覆盖面。表 4-3 列出排序前 10 位的关键词，频次最高的关键词是 Electroluminecence，在前 10 位的高频词中，与纳米材料相关的关键词占绝对多数。对表 4-3 和表 4-4 进行比较，可以发现专利关键词和论文关键词词频分析得相似点和差异处。二者的共同特征是，和纳米材料研究相关的关键词词频均较高，位次居前。差异之处在于各关键词的相对位次有些变化，例如，从表 4-4 中看出，频次最高的关键词是 Electroluminecence，在表 4-3 中该词排序第 3 位，而表 4-3 中排序第 1 的 Nanocrystal 在表 4-4 中退居第 5 位。值得注意的是，论文中排序第 5、第 6 位的 Atomic force microscopy 和 Scanning tunneling microscopy 在专利中更退到 20 和 19 位。在这 8 年中，与原子力显微镜和扫描隧道显微镜相关的专利分别为 6 项和 7 项。

表 4-4　中国专利信息数据库纳米科技关键词频次分布(1994—2001)

| 关键词 | 1994 | 1995 | 1996 | 1997 | 1998 | 1999 | 2000 | 2001 | 总频次 | 位次 |
|---|---|---|---|---|---|---|---|---|---|---|
| Electroluminecence | 9 | 9 | 22 | 20 | 25 | 43 | 33 | 1 | 162 | 1 |
| Nanoparticle | 1 | 5 | 7 | 6 | 13 | 18 | 16 | 8 | 74 | 2 |
| Conductive/conducting polymer | 6 | 6 | 6 | 16 | 13 | 13 | 6 | 2 | 68 | 3 |
| Nanocomposite material | 0 | 0 | 4 | 5 | 17 | 13 | 10 | 7 | 56 | 4 |
| Nanocrystal | 3 | 4 | 5 | 7 | 11 | 7 | 9 | 7 | 53 | 5 |
| Carbon nanotube | 0 | 0 | 2 | 3 | 5 | 7 | 21 | 4 | 42 | 6 |
| Nanostructures ceramic | 2 | 5 | 2 | 4 | 6 | 5 | 8 | 4 | 36 | 7 |
| Laser deposition | 1 | 3 | 1 | 6 | 5 | 10 | 5 | 2 | 33 | 8 |
| Colloidal particle | 5 | 4 | 2 | 4 | 5 | 7 | 3 | 2 | 32 | 9 |
| Fullerene | 6 | 0 | 0 | 3 | 4 | 0 | 2 | 3 | 18 | 10 |

3) 讨论

运用关键词计量分析的方法展示一个学科领域的研究前沿和发展动向，这是一项实证研究。进行大工作量的数据检索和处理，目的只有一个，就是尽可能增加研究结论的可信度。但是，任何文献计量研究都不是十全十美的，研究工作也存在缺陷和遗憾。

首先，只是从论文和专利关键词计量分析的角度考察学科发展动向，仅此而已。一般人不是纳米科技专家，对计量的结果无法做更专业、更微观的解释，更深入的分析探讨还要靠内行专家。其次，仅以与加拿大 NRC 提供的 79 个英文关键词所对应的 122 个中文关键词，外加“纳米”一词，进行检索，尽管这种做法与国际同行的工作接轨，便于进行比较，但也有不足。可能有一些本应属于纳米科技研究的论文，只因找不到与 NRC 关键词的匹配关系就无法进入计量范围。特别是近年来新出现的研究方向、研究选题，很有可能遗漏。采用词频分析方法对我国纳米科技的研究领域和研究动向进行分析仅仅是第一步，后继工作将更加深入，包括纳米科技关键词共现分析、课题组结构与绩效相关性分析等许多方面。

此外，还将继续密切关注国际上的相关研究成果，以便为我国纳米科技发展提供更多有价值的信息。

## 4.3 应用专利分析方法识别技术前沿领域

在 1983 年，Richard[122]研究了利用专利技术的发展趋势进行技术预测的方法。作者指出专利指标向决策者提供了非常有用的预测工具。这一预测工具对于研发规划、竞争分析、识别热点研究领域和新兴技术、技术的成熟度、技术消亡分析，是非常有帮助的。M. M. S. Karki[123]对专利引文分析在实践上的应用进行了总结，提出了专利引文分析的指标。在专利引文分析在技术映射上的应用研究中，他指出，通过专利之间的相互关系建立技术映射图，能够使人判断出哪个公司是技术的原创者，哪个公司是使用者。通过技术映射图，能够评估每个领域中一个公司或国家的相对位置；能够识别出某个技术领域的技术热点。并且，作者设计了专利引文分析指标：每项专利中引文的数量、高被引专利、现代影响指数(Current Impact Index)、技术循环时间、技术强度。作者指出，这些指标可以用在识别热点技术前沿领域、实验室、公司和国家的技术实力评价；实验室、公司和国家的专利活动分析；公司的技术结构剖析上。通过以上分析，人们认为应用专利分析可以识别在应用阶段内的技术研究前沿。

### 4.3.1 专利引文分析的基本概念

1. 专利引文分析的定义

科学和技术的发展具有很强的连续性和继承性。专利文献可以看做是技术发展的记录，科学论文可以看做是科学发展的记录，专利文献中所附的参考引文，则是技术继承和发展的标志。科学理论研究成果多以期刊论文的形式发表，技术发明成果则多记载于专利文献中。因此，科技期刊论文与专利文献之间的相互引证现象，深刻地反映着科学与技术之间、基础研究和应用研究之间相互联系、相互影响与相互促进的关系。专利文献正是体现这种相互作用的一条纽带。所以，在应用研究——开发试验阶段通常运用专利分析法找到快速发展的前沿技术领域，实现技术预见的目标，同时预见未来有希望的关键产业。

所谓专利引文分析，就是利用各种数学及统计学的方法和比较、归纳、抽象、概括等逻辑方法，采用计算机数据处理技术，将专利对其他专利、科学期刊、论文、著作、会议记录等各种分析对象的引用现象进行分析研究，以便揭示其数量特征和内在规律，达到评价、预测科学和技术发展趋势以及二者之间关系的目的。

专利引文的基本思想如下：当一个早期的专利或科学论文被后来的许多专利引用时，则表明该成果具有很大的先进性和重要性。

2. 专利引文分析的产生和发展

将专利引文分析技术大规模地应用于国家政策的制定起源于美国的“科学指标”报告[124]。这种思想由来已久，此类研究的第一篇论文是由 Cole 和 Eales 在 1917 年撰写的，该论文分析了 1543—1816 年关于比较解剖学方面论文的发展变化。作者在论文中提到：“这似乎将对解剖学论文的研究归纳为数学形式。每个国家、每个学科分支在不同时间相对重要性是不同的。该课题也存在困难，如果仅从数量上判断，写了 50 篇微不足道论文的作者似乎比 William、Harvey 重要，而后者尽管只写了两篇论文，但却都是经典之作。另外，一个问题是国籍，即怎样才能把出身、出生地和住所统一起来。”

科学引文索引(SCI)出现在 20 世纪 60 年代，其创始人为 Eugene Garfield。他将引文看做确认科学论文对未来科学的影响的一种方法，推动了科学指标在国家层面上的发展。CHI 公司采用了 SCI，在 20 世纪 70 年代发展了出版物分布、引文频率、合著和聚类分析等国家宏观指标。

到 20 世纪 80 年代初期，CHI(Computer Horizons Inc)已经将这些技术从对科学的研究转移到对技术的研究，利用专利引文分析检测国家技术强度。以 Narin[124]为代表的研究人员将科学和技术联系起来，具体体现如下：美国专利首页列出了所引用的大量科学论文；引用科学论文的专利确实依赖科学研究；专利所引用的科学论文是物理和生物科学文献中的核心部分。

### 4.3.2 专利引文的分析指标

#### 1. 专利增长率和各类专利百分比

专利增长率和各类专利百分比都是基于专利数量及其增长，可以从宏观上描述技术发展的主要领域。

$$\text{专利增长率}=\frac{\text{当前专利数}-n\text{年前专利数}}{n\text{年前专利数}}\times 100\%$$

$$\text{某类专利：专利百分比}=\frac{\text{该专利数}}{\text{专利总数}}\times 100\%$$

#### 2. 平均专利被引次数

平均专利被引次数是指一个国家、地区或一个企业所有专利被后来专利引用的平均次数。它表明一个国家或一个企业专利的影响力。一项多次被引用的专利显然在技术上具有先进性和重要性。这些专利往往是后来发明的基础或对后来的发明具有重要的启示和参考价值。如果一个国家或一个企业的专利具有较高的平均专利被引次数，则表明该国家或企业比它的竞争对手具有更高水平的创新能力。

#### 3. 当前影响力指数

$$\text{当前影响力指数}=\frac{\text{某国家或组织在前5年的专利在当年被引用次数}}{\text{预期引用次数}}$$

当前影响力指数(Current Impact Index)是指一个国家或组织在某一年之前 5 年的专利被当年引用的次数与预期引用次数的比值。

CII=1.0 表示平均引用率，CII>1.0 表示当前引用频率要高于预期引用频率。

这个指标表明一个国家或组织专利发明或技术创新的质量，体现一个国家或组织技术影响力，并且可以用来检测该国家或组织在过去 5 年内的专利对当年授权专利所产生的影响，或者说当前技术对以前专利的依赖程度。一般情况下，70%的专利在授权后 5 年内从来没有被引用或者仅被引用 1～2 次。

当前影响力指数的最大特点就是与时间同步的。经过标准化，它比平均专利被引次数更有优势，它没有年度的限制，在任何时间都可以被作为比较评价的指标。由于当前影响力指数是即年指标，所以如果一个国家或组织的新专利增长速度很慢，那么它的当前影响力指数就会有所下降。这样，对于国家政策制定者或企业决策者来说，可以利用这个指标考察近期的技术趋势。

4. 技术强度

技术强度(Technology Strength)表明专利总体的技术水平。它是通过专利质量指数(CII)来调整(扩大或缩小)专利数量。

$$技术强度=专利数\times当前影响力指数$$

通过专利数量可以检测一个国家或组织专利活动的活跃程度，而通过当前影响力指数可以检测一个国家或组织专利活动的质量。

通过专利数量和当前影响力指数来定义技术强度可能有一点矛盾。因为专利数是指本年度的专利数量，而计算当前影响力指数采用的是近 5 年专利的被引次数。因此，在计算技术强度时，假设本年度的专利与近 5 年的专利具有相同的影响力和质量。

5. 技术循环时间

技术循环时间(Technology Cycle Time)是专利所引用的参考文献的中值年龄。它检测相邻两代技术的时间周期，体现技术创新的速度。

不同领域的技术循环时间有很大的差异。技术发展快的领域，如通信和计算机领域的技术循环时间(TCT)大约为 4 年；技术发展较慢的领域，如造船该领域的专利 TCT 约为 15 年。一个企业如果其技术循环时间比较短，则该企业技术和产品更新换代的速度将超过其竞争对手，这无疑给该企业提供了更大的生存空间，使该企业在竞争中获得优势。

对于技术循环时间，另外一个值得注意的是它和专利增长率指标可以被联合用来确定一个国家或企业的强势技术领域。如果一个企业在某一技术领域的专利活动很活跃，处于该领域的领先地位，那么该企业在这个领域将有一个较短的 TCT。有时会发现，某企业在总体技术循环时间较慢的同时在某一领域创新周期较短，而在这个领域内，该企业是众所周知的领先者。

6. 科学联系度

科学联系度(Science Linkage)是指专利所引用的科学论文篇数的平均值，表明技术创新对基础科学研究的依赖程度[125]。较高的科学关联度表明一个国家或企业把它技术的发展基于科学的进步，在一个领域处于领先地位的企业比其竞争对手具有相对更高的科学联系度。

事实上，在对科学有较高依赖的技术领域中(例如生物学)，非专利参考文献的大部分是科学参考文献，而在其他一些技术领域中(如电子和机械)，大部分非专利参考文献不属于科学参考文献。这种差异是很值得注意的，因为科学联系度很可能是许多重要技术领域潜在的推动力。

7. 活性因子

Narin 等人定义某一企业的活性因子如下：该企业在某一专利分类中的专利数和该专利分类中总专利数的比率。将这个概念一般化，可以得到国家的活性因子。

$$I_{\mathrm{A}}(x,c)=\frac{f(x,c)}{\sum_{x} f(x,c)}$$

式中：$x$ 为国家；

$c$ 为某一专利分类；

$f(x,c)$为该国家在某一专利分类中的专利数；

$\sum_x f(x,c)$为该专利分类中总专利数的比率。

该指标表明某一特定国家在哪些专利类中具有相对强势或弱势。

对政府的R&D政策制定来说，了解专利在某一类的现状是有意义的。一个国家在对政府有益的某一特定技术领域的活动是否活跃，可以通过检测该国家该领域的活性因子来完成。

### 4.3.3 专利引文分析方法

#### 1. 专利引用的跨国网络分析

专利对参考文献的引用并不仅仅局限于某一局部地区，而是世界范围的。因此，分析本国专利对本国专利和论文的引用，对其他国家的引用，其他国家对本国的引用都是很有必要的。

跨国引用包括以下几种形式。

A：本国专利和外国专利的相互引用；

B：本国专利对本国科学论文的引用；

C：本国专利对外国科学论文的引用；

D：外国专利对本国科学论文的引用；

E：外国专利对外国科学论文的引用；

F：本国专利内部的相互引用；

G：外国专利之间的相互引用。

1) 本国专利和外国专利的相互引用

通过对本国专利和外国专利的相互引用的分析，可以探讨本国技术对世界的影响以及世界技术对本国的影响。将本国专利按领域分类，分别计算平均专利被引次数(世界范围内)并排序。通过排序可以得出本国专利被经常引用的领域，同时可以得出本国各技术领域对世界技术不同程度的贡献。

2) 本国专利对科学论文的跨国引用

通过对本国专利对科学论文的跨国引用的分析，可以探讨世界基础研究成果对本国技术创新的影响和作用。国外已经有研究表明，本国专利经常引用自己国家的论文。本国专利对本国科学论文的引用比对其他国家论文的引用高出数倍。由于美国经济和科技的突出地位以及其专利系统和文献检索系统的发达性，因此它的专利数、引用数以及被引用数都很大。

3) 外国专利对本国科学论文的引用

通过对外国专利对本国科学论文的引用的分析，可以了解本国基础科学研究成果被世界其他国家利用的程度，即本国科学研究对世界技术创新的贡献。

2. 专利引用跨部门网络分析

通过专利引用跨部门网络分析，可以了解一个国家不同部门在多大程度上利用其他部门的研究成果。

根据各部门的不同性质，将专利分成以下5个部分。

(1) 公共科研机构：指中央政府和地方政府直属研究机构，公共科研院所以及其他公共协会、学会等。

(2) 大学：包括大学的科技园以及校办产业等。

(3) 私营、三资企业以及其他非国有性质的企业。

(4) 国有企业：包括完全国有或国家控股的企业。

(5) 个人：以个人身份申请专利或发表论文的自然人。

3. 高引分析

1) 高被引专利和论文分析

人们已经广泛接受了这样一个事实：大多数科学的进步是包含在少数高引论文中的，而其他大量论文只能起支持作用而不是支配作用。

通过高引论文分析(包括这些论文的出处，所属领域等)，可以预测一个国家基础研究对技术创新作用的重点和热点。

在许多专利活动的领域，几乎所有的引文都是来自其他专利或其他非专利文献。那些引用相当数量论文的专利一定是属于一个新兴的、发展迅速的、拥有高科学内涵的领域。例如，前列腺素就属于这种领域。一项对该领域内 1974—1976 年的 399 个专利的研究表明，每个专利有 16.5 个引文。在这些引文中，8.1 个引文是来自包含在科学引文索引(SCI)中的期刊；在这 8.1 个引文中有 7.6 个是被申请者引用的，有 0.5 个是被审查员引用的。

有研究表明经常被专利引用的论文也经常被其他论文所引用。

2) 高被引期刊分析

通过比较期刊的积累数量并对非专利参考文献的积累数量来进行分析，可以发现参考文献在期刊中的分布是十分不均衡的：不到 10%的高引期刊包含了超过 50%的参考文献。

通过专利高引刊物来确定专利引用核心期刊，同目前核心期刊对比分析，可以探讨技术发展的前沿热点的重要途径和载体的特点。

对这些被引用次数最多的期刊进行研究分析。对于期刊在某一特定期间的显著性，可以通过一种比率来表示，即某一特定时期来自该期刊的参考文献数除以整个时期来自该期刊的所有参考文献数得到的比率。用 5 年的时间间隔对这个数据进行分析，数值大于 1.0 的表示在某一特定时期对某一特定期刊的参考文献的数量是相当大。

将每一种期刊的平均专利被引次数进行排序，再将排序结果分类加总，可以确定一个国家基础研究的热点和强势领域；如果将比率进行分类排序，位于前列的期刊可确定该领域的核心期刊。

3) 高被引作者分析

所谓高被引作者，就是其专利或科学论文被多次引用，如果将所有作者的被引频率进行比较，位于前列的就是高被引作者。通过对高被引作者的分析，可以了解和评价某学科或专业领域中科技工作者的科学研究、技术创新水平。而这些高水平的科技工作者对某领域的科技发展具有重大贡献，如果一个国家或一个企业对该领域有兴趣，那么就应该对这些高被引作者给予高度关注，并采取措施优先资助其科学研究和技术创新。

## 4.4 社会经济需求调查分析方法的应用

### 4.4.1 开展社会经济需求调查分析的目的

根据经济社会需求制定科技政策与发展战略已经成为当今社会的主流趋势，但是科学技术在多大程度上满足了经济社会发展的需求？科学技术对社会经济的贡献程度如何？如何根据社会经济发展需要制定科技政策？现在的科技政策效果如何？随着社会、经济、科技的发展，求解这些问题的需求越来越强烈。

开展社会经济需求调查分析(Study on Social and Economic Needs)的主要目的就是尝试求解这类问题，为建立一套评价科技政策效果的工具打下基础，为制定、实施、调整科技政策，以及评估科学技术对于社会经济发展的贡献程度提供依据。同时，与技术预见其他 3 个工作板块(德尔菲调查、情景分析、引文分析)协同工作，开展相关关系研究，起到相互支持、相互促进的作用。

### 4.4.2 社会经济需求调查分析的过程与方法

社会经济需求调查分析(Study on Social and Economic Needs)主要包括 3 个阶段：形成候选需求目录清单阶段、确定需求目录阶段、开展需求清单与科技事务关联分析阶段。

1. 形成候选需求目录清单阶段

这个阶段包括以下几项工作。

(1) 通过资料研究形成需求目录框架。该阶段主要研究科学发展计划、上次技术预见相关调查及研究成果、科技白皮书、政府报告等。

(2) 访谈重要利益相关群体。选择知识界、产业界的代表进行访谈，充实框架内容。

(3) 通过互联网开展专项调查，形成需求目录清单初稿。依托互联网开展专项调查，广泛征求民众意见，同时成立知识界、公众、商业界高层管理人员 3 个社会利益群体代表组成的专题专家组，依托这三个专题专家组，广泛征求 3 个群体的意见。

2. 确定需求目录阶段

由于第一阶段收集的信息相当庞杂，大量信息相同，故在网上调查时采用了层次分析方法(Analytic Hierarchy Process，AHP)，为收集到的信息聚类并加权重。通过 3 个专题专家组的讨论，形成了具有层次结构的、有权重支撑的目录清单。

3. 开展需求清单与科技事务关联分析阶段

根据需求清单提出了未来社会将面临的挑战，成为与技术预见其他 3 个板块协同工作、相互印证、相互支持的基础。

### 4.4.3 实例

2005 年日本第八次技术预见最后形成的社会经济需求清单包括 12 个大类、77 个方面的内容。这 12 个大类及其包括的内容条目具体如下：Ⅰ.日本持续成为科学技术成就的领导者(6)；Ⅱ.通过挑战未知的科学技术领域构筑希望与梦想(3)；Ⅲ.积极致力于解决全球问题；Ⅳ.通过成为新产业领域的先锋维持日本经济的国际竞争力(11)；Ⅴ.建立实现可持续社会体系的新结构(12)；Ⅵ.响应社会结构的变革(8)；Ⅶ.使人感到安全的社会(5)；Ⅷ.防灾减灾(4)；Ⅸ.能够拥有健康的生活(4)；Ⅹ.个人潜力能得到开发，人们能过上舒服的生活(10)；Ⅺ.每个人都能在家实现自己的角色(7)；Ⅻ.儿童和成年人有目的的学习，培养真正的学者能力(7)。每一个大类之下的具体方面使社会经济需求清晰地呈现出来。例如，第四类“通过成为新产业领域的先锋维持日本经济的国际竞争力”包括 11 项内容，具体如下。

(1) 利用高质量制造技术与能源转换技术推动基础及关键产业的创新。

(2) 发起创造国际标准运动，使日本能够制造拥有国际竞争力的产品。

(3) 为时装、音乐、动画等日本文化产品争取国际市场。

(4) 积极利用新兴新技术，如纳米技术等。

(5) 创造日本产生优势产业的环境，如硅谷等。

(6) 改进日本复杂的、昂贵的物流体系。

(7) 使企业更容易创业，使倒闭的企业更容易东山再起。

(8) 减轻经理人责任负担，使他们更敢于冒险。

(9) 利用日本国际上的知识及专长。

(10) 创造符合高度个性化消费的商业远见。

(11) 提高商业界人士人文、科技、法律等综合素质的教育水平。

## 4.5 德尔菲法改进

由于技术发展日新月异，交叉学科层出不穷，因此科技发展不确定性因素越来越多，传统的定量预测方法不能满足新技术发展预测的要求，而技术预见的精髓是“着眼于未来、沟通、协商、合作与承诺”，这决定技术预见实践的核心方法是德尔菲法(Delphi Analysis)。

日本专家在第三次技术预见报告中明确指出：“对尚处于萌芽状态的新技术趋势分析和寻求技术突破的预测，只能根据专家的远见卓识和经验判断。”各国在使用德尔菲方法进行技术预见的同时，也灵活地运用了其他辅助性方法。例如，英国第二轮技术预见，强调实现技术与社会经济发展的全面整合，重视运用 SWOT(优势与劣势、机会与威胁)分析和 STEEP 分析(社会、科技、环境、经济、政治)方法；美国优先学科领域的选择标准，也经历了从重视内在标准到重视外在标准以及后来的结构标准的发展过程。可见，技术预见方法论也需要不断创新和系统集成。技术预见方法论是一切技术预见工作的基础，不仅关系到技术预见活动的成败，而且会影响到国家关键技术选择、科技政策和国家科技发展规划的制定。

### 4.5.1 经典德尔菲法与大规模德尔菲法

经典德尔菲法是指兰德公司首创的德尔菲法，它具有以下形式和特点。

(1) 发函咨询。答询专家之间互不接触，从而使专家有较多的时间进行充分思考，对所提出的问题可以畅所欲言，自由地发表意见或评论，避免了专家会议的会场气氛、心理因素等条件的影响。

(2) 多轮答询和反馈。反馈是德尔菲法的核心，对每一轮专家答询的反馈结果，课题组织者都要进行认真汇总和整理，从而进一步提出问题，再反馈给每一位专家，以便专家据此结果作出进一步判断。专家通过数轮反馈，意见会相对地收敛、集中，从而形成综合意见。

(3) 定性评估定量化。专家的意见表达要经过表格化、符号化、数字化的科学处理，因此而得出的结论便于统计分析。由于各项指标经过专家多次反馈，又经课题组织者科学的数据处理，因而使最后的结论具有较强的可靠性。

(4) 所咨询的专家是由课题组织者决定的。选定的专家中许多高级专家往往参与国家重大决策的咨询或有关政策的制定。

德尔菲法具有以下优势。

(1) 专家对问题的回答有一定的时间准备，能使回答比较成熟，并可以集各种专家之专长。

(2) 在征询意见的几轮反复中，专家能了解不同的意见，而经过不同的分析后提出的看法较为完善。

(3) 征询过程中用匿名方式进行，有利于各位专家敞开思想，独立思考，不为少数权威意见所左右。

(4) 对专家意见的汇总整理，采用数理统计方法，使定性的调查有了定量的说明，所得结论更为科学。

德尔菲法具有以下不足。

(1) 预测结果取决于专家对预测对象的主观看法，受专家的学识、评价尺度、生理状态及兴趣程度等主观因素的制约。

(2) 专家在日常工作中一般专业方向比较明确，容易在有限范围内进行习惯思维，往往不具备了解预测问题全局所必需的思想方法。

(3)专家对问题的评价通常建立在直观的基础上，缺乏严格的考证，因此专家的预测结论往往是不稳定的。

(4) 专家对发展趋势的预测用直观外推方法，对大大超前于现实的思想是难以估计的。

德尔菲法作为一种重要的预测方法，在实际应用中还将不断完善和发展。由于应用目标不同，故德尔菲法已经演变成许多不同类型。在技术预见中，主要采用的是有大量科技专家参与的大规模德尔菲调查，这是由经典德尔菲方法派生出来的一种方法。与经典德尔菲法相比较，这种大规模德尔菲调查有下列特点。

(1) 参加人员不只局限于十几个专家，而是吸引了来自政府、企业、高校、研究机构和社会各方面的大量专家与公众，如日本第六次调查参加人数为 3 586 人，德国第二次调查参加人数为 2 000 多人。

(2) 所涉及的问题非常广泛，除技术本身的发展外，还要考虑技术可能带来的经济及社会负面影响。从技术项目的数量来看，日本第六次调查达 1 072 项，第七次调查达 1 065 项，第八次调查达 858 项；德国第二次德尔菲调查涉及 1 000 多项技术。

(3) 大规模德尔菲问卷的设计比经典德尔菲正规、严谨。经典德尔菲法的第一轮调查表是开放式的，不带任何框框，只提出预见问题；而大规模技术预见德尔菲调查问卷问题比较固定，没有用模糊语言来表达的选项，以便参与的专家回答。

(4) 大规模德尔菲调查在预测程序上也作了修改。一是成立了技术预见专家委员会，并按领域组成分领域专家委员会，确定目标、任务和评价依据，采取各种方法拟定备选技术项目清单，代替经典德尔菲的第一轮调查。二是这种大规模德尔菲调查成本高、周期长，一般只进行两轮，相当于经典德尔菲的第二、第三轮调查。这是因为技术预见德尔菲调查的目的不应该仅仅是寻求专家对未来的一致认识，最重要和最本质的是通过匿名的反复问卷调查，获得全面的对未来可能性或未来行动建议的赞成与反对意见，以促进政府科技决策的民主化、社会化和科学化。三是对调查的结果还需组织高层专家进行审核和论证，形成最后评价意见。

技术预见的德尔菲法的显著特点并不是追求答案的唯一性，专家完全自主自愿地回答问题。不管是经典德尔菲法还是派生的大规模德尔菲法都是采用问卷调查的形式，以匿名方式反复征求专家意见，从而使预见工作者能够从中获得大量有关重大突破性事件的信息。

### 4.5.2 技术预见的市场德尔菲法

市场德尔菲法是在大规模德尔菲法基础上又有了质的变化，它的产生是技术预见发展到一定层次的需要，是传统德尔菲法的改进与发展，在技术预见方法论中具有重要意义。

(1) 资源稀缺的制约。任何国家和地区在发展科学技术事业时，总要受到资源稀缺的制约，只能本着“有所为，有所不为”的原则选择那些对本国或本地区带来最大社会贡献的技术群。这就需要政府从社会总资源的配置视角进行合理规划，尤其是从市场需求角度合理选择研究与开发项目。从理论上讲也就是要最大限度地避免科技资源的闲置与浪费，而市场德尔菲法在原有基础上正是考虑了“市场”

的因素，强调根据自身技术优势与研发能力，依据市场需求，再参照预期实现时间及预期收益等一系列标准，有条件地选择一些关键性技术群。

(2) 技术预见与关键技术选择模式的转变。在技术预见与关键技术选择的发展模式已从“技术推动”转变为“市场拉动”和“技术推动”共同起作用。由于技术进步空前迅速，市场变化多端，故竞争日益激烈。关键技术的开发者必须与客户进行更多的互动以了解市场的需求，而产业界在这方面具有特有的优势。市场德尔菲法的核心思想之一就是技术预见需要产业界的积极参与。

(3) 主体的不同导致预见方法不同。技术预见往往因主体的不同而采用不同的预见方法。例如，战略性研究领域的选择通常是基于国家层面，由政府科技部门主导，以供给为导向；而微观层次由独立的研究机构、产业协会和企业主导，以产业需求为导向。技术预见不仅重视经济效益，强调为战略规划、管理决策服务，也重视过程收益，通过技术预见，强调沟通与交流，聚焦长期目标，促进联合协作。市场德尔菲法主要基于中、微观层面，强调市场导向需求定位，致力于有产业发展前景的技术选择。

(4) 技术预见的发展需要经典德尔菲法不断创新。技术预见与关键技术选择不断强化市场需求定位、社会需求定位、生态需求定位，相应地以不断提升技术预见层次的一些创新做法和实践，因此，技术预见市场德尔菲法是一种新的德尔菲方法，是基于大规模德尔菲法的进一步创新，它除了具有上述经典德尔菲法的匿名性、反馈性、收敛性与统计性特征以及上述大规模德尔菲法的参与专家多、调查范围广、轮数少、趋势预测与目标控制相结合等特征外，还具有自身显著的特点，表现在以下5个方面。

① 征集候选技术清单。在征求候选技术清单时，市场德尔菲法不仅征集科技界、政府部门的专家意见，而且要求征集、充分吸收产业界专家的意见以及社会公众的意见，精心详细地调研、论证与筛选，可以降低操作层面的技术风险。

② 市场德尔菲法问卷的设计。在问卷指标设计上，除了具有一般大规模德尔

菲法中应有的基本要素如预期实现时间、对产业界的重要度外，还包括成长性、研发主体构成方式、投资主体构成方式、风险投资模式、市场赢利能力预期等要素。

③ 函询专家的选择。将德尔菲问卷发放到其他诸多领域专家手中，让更多的来自产业界的技术专家、技术管理专家积极参与到技术预见与关键技术选择中来，使技术预见能够适应产业发展的市场需求拉动。在关键技术选择方面，产业界、经济界及其他社会各界的专家则拥有更多的表决权，他们的选择才代表市场的选择，所以官产学研各方面共同参与有助于技术预见和关键技术的正确选择。

④ 强调目标控制范式在技术预见中的地位。问卷的发放不再局限在科技专家的圈子中，强调产业界的意向和期望，加大产业界专家意见的权重，同时应允许社会公众加入到技术预见中来。市场德尔菲法在统计处理时，对来自产业界专家的选择所占的权重不能相对较低。

⑤ 市场德尔菲法的内涵或议题。市场德尔菲法由于在技术预见的基础上加上“市场”的因素，故其内涵或议题发生了显著的变化。一般议题包括产业需求的调查分析(包括产业依赖程度、既有的和有潜力的市场，产业界的扩散潜力，竞争力综合评价)，经济、社会对未来技术的需求趋势，经济、社会与环境方面可能出现的问题而衍生出来的科技研发需求，经济、社会与文化方面对未来技术发展方面可能施加的制约，政府必须干预的问题领域，一些瓶颈问题的解决等，而不仅仅是形式与操作方法上的差异。

### 4.5.3 市场德尔菲法的实施程序

#### 1. 成立德尔菲调查指导委员会和确定调查领域

首先确定市场德尔菲法的推进组织与目标。技术预见委员会要对调查的有关内容等进行广泛咨询，结合相关研究报告，收集信息。调查领域是技术预见委员会在广泛征求专家组意见后，依据国内外技术发展现状和社会、经济发展需求确定的。其具体内容包括经济、社会和科技发展趋势，国家或地区经济与社会发展中急需的重大关键技术和通用新技术，结合本国或本地区实际(优势与劣势)，反复讨论，确定调查领域。

2. 建立备选技术清单

首先，进行领域内相关的科技、经济等发展的趋势研究，社会对技术领域的需求分析，了解地区拟调查领域社会发展急需的重大的、市场前景好的先进技术。然后，按确定的技术预见领域，组织产业界专家小组会议，主要是向产业界专家提出征询意见，通过每一个设问发掘出社会与产业界需求的通用新技术。产业界专家在回答问卷时，要从地区需求和技术实现的可行性来考虑。选择候选技术清单应遵循如下准则：有潜在或创造市场需求；有助于提高产业界的竞争力；能促进经济科技发展和新产业的形成；有利于环境保护和提高人民的健康水平；资金、研究方面在一定时间内能够实现。在确定候选技术时，应注明技术内涵、用途、发展阶段。

3. 设计指标和问卷

“市场德尔菲”问卷调查的核心是技术清单与指标体系。在指标体系设计方面，根据社会需求突出重点，还要分层设计，便于统计分析。指标包括专家熟悉程度、技术推动重要性(可行性)、市场拉动重要性(吸引力)、实用化时间、国际比较、发展技术的途径、政府的作用、产业化前景、研发主体构成方式、风险投资模式、市场盈利能力。

4. 实施调查

调查方式采用两轮制。调查对象为相关技术领域内专家，一般最终选定的专家群就结构而言，学术界、产业界及政府部门维持在 1∶1∶1 左右，同样要注意年龄与性别的合理构成。当预见清单与调查问卷确定后，对选定的专家组织两轮调查。调查前首先征询专家意见，对愿意参与技术预测活动的专家发出第一轮问卷。在第一轮问卷回收后，统计分析整理，再反馈给专家。在进行第二轮问卷调查之前，那些在第一次问卷调查中无反馈信息的入选专家将被排除。

5. 数据处理与统计分析

德尔菲法的一项主要工作是对每轮征询之后的问卷数据进行分析和处理，针对专家所属领域不同及不同的技术类型采用不同的加权方法，以需求定位的市场德尔菲法的问卷处理突出产业界的期望。

6. 确定优先领域和关键技术清单并提交预见报告

对调查问卷结果进行结构性分析，确定关键技术清单，提交调查报告与技术预见报告。用市场德尔菲法进行技术预见充分考虑了“市场需求”，它是适用于中、微观层次的一种有效的新的技术预见模式，能使政府部门在制定科技政策时能主动呼应产业需求，在制定产业政策时能主动呼应产业界的前瞻技术需求，由此形成科技政策和产业政策联动效应，真正实现科技资源和资本资源的最大化配置。

### 4.5.4 德尔菲调查具体实施方案

(1) 结合国家和区域中长期科技、产业发展规划提出技术候选菜单。

(2) 专家自我评估对调查议题的专业知识及熟悉程度(一般分为高、中、低、不熟悉)。

(3) 实现时间预测(如 2006—2010 年、2011—2015 年、2016—2020 年)。

(4) 对国家和区域的科技和产业的重要度作出评价(一般分为高、中、低、无关紧要)。

① 以量化模式为基础进行定性分析，调查以下两个重要度指标。

a. 区域的优势或潜在优势领域排序——技术推动，分析趋向为科技供给导向，主要基于科学技术自身的成长能力、发展潜力、各种可能的发展方向等进行技术预见。根据重要度计算可以将结果分成3类：高、中、低。

b．应该优先发展的领域排序——市场拉动，分析趋向为市场导向，以社会经济需求为导向，突出技术选择的需求定位。综合日本、德国调查模式和英国的分析方法，对可行性与吸引力进行综合分析可以确定总体优先领域。

② 以定性模式为基础进行量化分析，仅调查一个重要度指标。SWOT分析就是通过对产业、竞争者和自身优势、弱势的分析，发现产业和自身所面临的威胁，找出产业和自身的发展机会，提高核心竞争力。对区域的科技发展也可以进行优势(Strength)/劣势(Weakness)和机会(Opportunity)/威胁(Thread)综合分析，分析趋向为综合供给与需求(Demand/Supply-integrated approach)，它要对技术的供给与技术的需求进行综合分析和判断。然后，归结为4类技术发展策略：优先安排(SO)、重点安排(ST)、延期安排(WO)、暂不考虑(WT)。在收敛性调查的基础上精心调查其他指标。

(5) 预期效果分析，主要预见技术优先领域及关键技术对区域经济、科技、社会与环境生态的贡献及影响。

① 经济发展：主要考虑对产业发展的贡献及经济效益和市场需求。

② 科技发展：主要考虑对增强国家科学基础和技术进步贡献。

③ 社会影响：主要考虑对保障健康、安全、劳动和就业的贡献。

④ 环境资源：主要考虑其对生态环境和未来可持续发展的影响。

最后，对结果进行综合分析。

(6) 技术发展面临的瓶颈和应该采取的积极措施，考虑设定以下指标。

① 加强基础教育及科技人才的培养与引进。

② 促进资本与技术的融合及科技创业投融资服务。

③ 加强官、产、学、研之间的人员交流与互动。

④ 更新研发基础设施及实验室建设。

⑤ 增加政府研发投入。

⑥ 调整相关政策。

⑦ 其他(国际合作、区域合作等)。

最后，对结果进行综合分析。

(7) 创新模式的选择。例如自主创新、合作创新、模仿创新、引进等。

(8) 科技评估或潜在的问题。

在实际进行技术预见时，建议常采用专家德尔菲法。

① 第一轮直接进行事件评估，由组织者根据已经掌握的资料，直接拟定事件一览表，加速征询进程。

② 同时提供背景材料和数据，以减轻专家负担。

③ 若专家意见收敛性较好，则进行一轮或二轮征询即可停止。

在某种情况下采用部分取消匿名和部分取消反馈，有时有利于加快意见收敛性的进程。

### 4.5.5 数据统计分析

德尔菲法的一项主要工作是对每轮征询之后的数据进行分析和处理，将定性评估结果进行量化。最常用的量化方法是将各种评估意见用打分法转为分值，然后再求出各种评估意见的概率分布。概率最大的事件表示最有可能发生的事件。在概率分布中，用均值表示事件的概率，用方差表示不同意见的分散程度。根据均值和方差就可掌握总体意见的趋向和分散程度。

#### 1. 重要度指数计算

(1) 不考虑专家熟悉程度。在日本第五、六、七次技术预测中，重要度指数由公式(4-3)计算。

$$I_{\text{index}}=(100\times N_{\text{high}}+50\times N_{\text{medium}}+25\times N_{\text{low}}+0\times N_{\text{unimportance}})/N_{\text{all}} \tag{4-3}$$

式中：$N_{\text{high}}$、$N_{\text{medium}}$、$N_{\text{low}}$和$N_{\text{unimportance}}$分别是回答重要程度为“高”、“中”、“低”和“无关紧要”的人数；$N_{\text{all}}$是所有反馈意见专家的人数。

当所有专家都认为该项目的重要性为“高”时，其指数为100，当所有专家都认为无关紧要时，其指数为0。

在公式(4-3)中，认为项目“高”重要性的所有专家(包括高、中、低熟悉专家)的权重都是100，“中”重要性为50，“低”重要性为25。

(2) 考虑专家熟悉程度。由于专家对项目的熟悉程度不同，故公式(4-3)可以通过考虑专家的熟悉程度加以改进。重要度指数可以用式(4-4)计算。

$$I_{\text{index}} = I_{\text{H}} \times W_{\text{H}} + I_{\text{M}} \times W_{\text{M}} + I_{\text{L}} \times W_{\text{L}} \tag{4-4}$$

式中，$I_{\text{H}}$、$I_{\text{M}}$和$I_{\text{L}}$分别为高、中、低熟悉专家的重要度指数；$W_{\text{H}}$、$W_{\text{M}}$和$W_{\text{L}}$是相应的权重，且满足$W_{\text{H}} + W_{\text{M}} + W_{\text{L}} = 1$。

从公式(4-3)可得

$$I_{\text{H}} = (100 \times N_{\text{Hh}} + 50 \times N_{\text{Hm}} + 25 \times N_{\text{Hl}}) / T_{\text{H}}$$

$$I_{\text{M}} = (100 \times N_{\text{Mh}} + 50 \times N_{\text{Mm}} + 25 \times N_{\text{Ml}}) / T_{\text{M}}$$

$$I_{\text{L}} = (100 \times N_{\text{Lh}} + 50 \times N_{\text{Lm}} + 25 \times N_{\text{Ll}}) / T_{\text{L}}$$

式中：$N_{\text{Hh}}$是“高”熟悉专家中认为项目重要性为“高”的人数；

$N_{\text{Hm}}$是“高”熟悉专家中认为项目重要性为“中”的人数；

$N_{\text{Hl}}$是“高”熟悉专家中认为项目重要性为“低”的人数；

$T_{\text{H}} = N_{\text{Hh}} + N_{\text{Hm}} + N_{\text{Hl}} + N_{\text{Hu}}$，是“高”熟悉专家的总人数；

依次类推……

$N_{ij}$的具体表示见表4-5。

表4-5 $N_{ij}$的具体表示

| 专家的熟悉程度 \ 重要性 | 高 | 中 | 低 | 无关紧要 | 合计 |
|---|---|---|---|---|---|
| 高 | $N_{\text{Hh}}$ | $N_{\text{Hm}}$ | $N_{\text{Hl}}$ | $N_{\text{Hu}}$ | $T_{\text{H}}$ |
| 中 | $N_{\text{Mh}}$ | $N_{\text{Mm}}$ | $N_{\text{Ml}}$ | $N_{\text{Mu}}$ | $T_{\text{M}}$ |
| 低 | $N_{\text{Lh}}$ | $N_{\text{Lm}}$ | $N_{\text{Ll}}$ | $N_{\text{Lu}}$ | $T_{\text{L}}$ |

一般情况下，专家的熟悉程度越高，权重越大。如果高(含中)熟悉专家的比例较大，则其重要度指数是可信的，在此情况下，低熟悉专家的意见不应对重要度指数的大小有较大影响。另一种情况，如果只有低熟悉专家的意见，此时多数专家并不理解该项目，则评价的重要度指数也不可信。

在公式(4-4)中，

$W_{\mathrm{H}} = K_1 \times T_{\mathrm{H}} / T_{\mathrm{all}}$

$W_{\mathrm{M}} = K_2 \times T_{\mathrm{M}} / T_{\mathrm{all}}$

$W_{\mathrm{L}} = K_3 \times T_{\mathrm{L}} / T_{\mathrm{all}}$

式中：$K_i (i=1,2,3)$ 分别为高、中、低熟悉专家的转换系数，$K_1 = 1$ 且 $K_1 \geqslant K_2 \geqslant K_3$；$T_{\mathrm{all}} = T_{\mathrm{H}} + K_2 \times T_{\mathrm{M}} + K_3 \times T_{\mathrm{L}}$，称为转换后的专家人数。

因此，重要度指数的计算公式为

$$I_{\mathrm{index}} = \{(100\times N_{\mathrm{Hh}} + 50\times N_{\mathrm{Hm}} + 25N_{\mathrm{Hl}}) + K_2(100\times N_{\mathrm{Mh}} + 50\times N_{\mathrm{Mm}} + 25\times N_{\mathrm{Ml}}) + K_3(100\times N_{Lh} + 50\times N_{\mathrm{Lm}} + 25\times N_{\mathrm{Ll}})\} / T_{\mathrm{all}} \tag{4-5}$$

公式(4-5)简化为

$$I_{\mathrm{index}} = \{I_{\mathrm{H}} \times T_{\mathrm{H}} + K_2 \times I_M \times T_M + K_3 \times I_{\mathrm{L}} \times T_{\mathrm{L}}\} / T_{\mathrm{all}} \tag{4-6}$$

重要度指数随转换系数 $K_i$ 的不同而变化(专家熟悉程度是计算重要度指数的一项重要因素)。如果 $K_1 = K_2 = K_3 = 1$， 则 $N_{ij} (i=1,2,3;\ j=1,2,3)$ 的系数矩阵见表 4-6。

表 4-6 $N_{ij}$ 的系数矩阵

| 重要性 / 专家的熟悉程度 | 高 | 中 | 低 |
|---|---|---|---|
| 高($K_1 = 1$) | 100 | 50 | 25 |
| 中($K_2 = 1$) | 100 | 50 | 25 |
| 低($K_3 = 1$) | 100 | 50 | 25 |

这是日本预测中使用的公式，其高、中、低专家对重要度指数的贡献相同。

如果 $K_1=1$、$K_2=0.75$、$K_3=0.5$，则系数矩阵见表 4-7。

表 4-7 $N_{ij}$ 的系数矩阵

| 专家的熟悉程度 \ 重要性 | 高 | 中 | 低 |
|---|---|---|---|
| 高( $K_1=1$ ) | 100 | 50 | 25 |
| 中( $K_2=0.75$ ) | 75 | 37.5 | 18.75 |
| 低( $K_3=0.5$ ) | 50 | 25 | 12.5 |

高熟悉专家的贡献大于中和低熟悉专家的贡献，中熟悉专家的贡献大于低熟悉专家的贡献。

如果 $K_1=1$、$K_2=0.5$、$K_3=0.25$，则系数矩阵见表 4-8。

表 4-8 $N_{ij}$ 的系数矩阵

| 专家的熟悉程度 \ 重要性 | 高 | 中 | 低 |
|---|---|---|---|
| 高( $K_1=1$ ) | 100 | 50 | 25 |
| 中( $K_2=0.5$ ) | 50 | 25 | 12.5 |
| 低( $K_3=0.25$ ) | 25 | 12.5 | 6.25 |

高熟悉专家的贡献是中熟悉专家的两倍，是低熟悉专家的四倍。中熟悉专家的贡献是低熟悉专家的两倍。

如果熟悉专家的比例较低，则其重要度指数的可信度也会较低。因此，在确定优先发展的重点项目时，对这类项目应增加熟悉专家的数量，否则应忽略这些项目。通过引入转换系数，更加重视熟悉专家的意见，也就是说专家的熟悉程度越高，权重越大。实践证明，合适的转换系数为 $K_1=1$、$K_2=0.5$、$K_3=0.25$。

综上可得，公式(4-5)简化为

$$I_{\text{index}}=\{I_{\text{H}}\times T_{\text{H}}+0.5\times I_{\text{M}}\times T_{\text{M}}+0.25\times I_{\text{L}}\times T_{\text{L}}\}/T_{\text{all}} \tag{4-7}$$

转换后的专家人数为

$$T_{\text{all}}=T_{\text{H}}+0.5\times T_{\text{M}}+0.25\times T_{\text{L}}$$

(3) 在科技计划中，确实需要比较各类项目的重要性。如果在同一技术领域进行比较还相对容易，但如果直接比较不同领域的项目则是非常困难的。例如，很难把农业、信息技术、新材料及其他领域的项目放在一起进行排序。解决这一矛盾的方法是对项目进行优先级分组，在同一组中所有的项目具有相同或相似的重要性。为了使不同领域的项目具有可比性(即基准问题)，简单的办法是引入相对重要度指数，即

$$I_{\text{index}'} = I_{\text{index}} \times 100 / \text{各领域重要度指数的量大值} \tag{4-8}$$

也就是说，把各领域中重要度指数最大的项目作为标准(指数为 100)，其他项目的指数都是相对该项目而言的，这样就减少了不同专家组评价基准的差异。对不同领域项目之间的相互比较问题还需要进一步讨论。

2. 对事件完成时间预测结果的处理

一般用四分位图或者直接用直方图进行统计分析。

将专家评估值在时间轴上按顺序排列，找出中分位点，它对应的年份为中位数，表示专家中有一半人估计的时间早于它，另一半人估计的时间晚于它，或者理解为有 50%的专家认为该年份能实现此事件。先于中分位点的四分位点为下四分位点，后于中分位点的四分位点为上四分位点。下面以 11 个应答者在 2001 年对某一事件发生年份的预测为例，他们的评估值按照以下顺序取得。

预测学家根据大量统计，得出一个根据中位数推算上下四分位点的经验公式，即如果中位数年份(2010)距组织预测的年份(2001)为 $X(9)$年，则下四分位点距组织预测年份为 $\frac{2}{3}X(=6)$ 年，上四分位点距组织预测年份为 $\frac{5}{3}X(=15)$ 年。预测结果常常标明中位数和上、下四分位点，如上例为 2010 年(2007—2016 年)。上、下四分位点之间的区间表示专家意见的分散程度，又称 50%置信区间(图 4-5)。

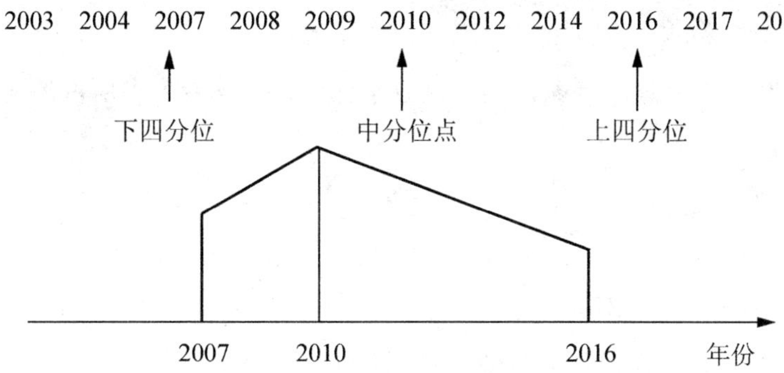


图 4-5 四分位图

3. 专家意见的集中程度

它可以从评分平均值、评分比重、最高评分频度和平均名次指标等几个侧面加以描述

1) 评分平均值

$$M_j = \frac{1}{m_j}\sum_{i=1}^{m_j} C_{ij} \tag{4-9}$$

式中：$M_j$ 为 $j$ 方案的评分平均值；

$m_j$ 为参加 $j$ 方案评价的专家数；

$C_{ij}$ 为 $i$ 专家对 $j$ 方案的评价值。

2) 评分比重

某方案所得到全体专家的评分在全体专家给全部方案的评分总和中所占的比重，为该方案的评分比重。

$$K_{ij} = \frac{\sum_{j=1}^{m_j} C_{ij}}{\sum_{j=1}^{n}\sum_{i=1}^{m_j} C_{ij}} \tag{4-10}$$

式中：$K_{ij}$ 为方案 $j$ 的评分比重；$n$ 为方案数。

3) 最高评分频度

给某方案最高分数的专家，在给该方案评分的全体专家中所占的比重，为该方案的最高评分频度。

$$K_{\max j} = \frac{m_{\max j}}{m_j} \tag{4-11}$$

式中：$K_{\max j}$ 为 $j$ 方案的最高评分频度；

$m_{\max j}$ 为对 $j$ 方案给最高分数的专家数；

$m_j$ 为对 $j$ 方案给分的全体专家数。

4) 平均名次指标

当计算这种指标时，首先由应邀专家分别给各方案打分；再将全部方案分别就各个方案的评分排队，列出名次，这样每个方案就得到与专家数相同的名次数；然后用专家总数除以名次的数值总和，其商便是平均名次。数值越低，表明名次靠前，因此评估质量越好，最低者最佳。

$$R_j = \frac{\sum_{i=1}^{m_j} R_{ij}}{m_j} \tag{4-12}$$

式中：$R_j$ 为某方案 $j$ 的平均名次；

$R_{ij}$ 为专家 $i$ 给某方案 $j$ 评分排出的名次；

$m_j$ 为给 $j$ 方案评分的专家总数。

除上述指标外，还可以计算变异系数、协调系数，判别专家权威程度、专家意见的协调程度，寻求高度协调专家群和寻找持异端意见的专家等。在预测中，究竟计算哪些指标要根据用户需求和预测需要以及问题设计来决定。

# 4.6 情景分析法

## 4.6.1 基本概念

情景分析法(Scenario Analysis)又称前景描述法、脚本法，是假定某种现象或某种趋势将持续到未来的前提下，对预测对象可能出现的情况或引起的后果作出预测的方法。通常用来对预测对象的未来发展作出种种设想或预计，是一种直观的定性预测方法。

情景分析法从现在的情况出发，把将来发展的可能性以电影脚本的形式进行综合描述。这种方法以各种特定的预测结果为前提，再把可能出现的偶然变化因素考虑进去，从而描述可能性较高的未来情景。应用这种方法不是只描绘出一种发展途径，而是把各种可能发展的途径，用彼此交替的形式进行描绘。另外，这种方法所描述的不是未来某一时刻静止的图景，而是动态的发展图景。由于情景分析法采用一种类似故事描述的方法对未来进行分析，它比图表或者模型更能吸引人，因而情景分析法能够赢得更加广泛的人群参与到预测活动中来。

当用情景分析法分析未来发展趋势时，关键在于把握好未来变化过程中的主要驱动力量。将情景分析法运用于技术预见中，通常分为以下 4 个阶段。

(1) 明确将要作出的判定，收集信息并向个人头脑中形成的固有观念挑战。

(2) 进行详细分析，包括：①确定社会、技术、环境、经济及政治驱动力量；②确定先决要素和必然因素；③确定影响未来趋势的关键因素。

(3) 构建 3～4 个场景，分析场景的发展状况，进一步描述未来变化的整体情景。

(4) 为跟踪监测计划目标确定最主要的参数。

情景分析法的主要优点是能够对未来前途作出长期的和多种可能性的描绘，而且能够强调出其中的特征性现象，同时还考虑心理、社会、经济、政治等方面的状况，使人易于全面理解相互间的联系，因而有助于拟定解决问题的具体方案。与一般的预测方法比较，情景分析法具有表 4-9 所示的特点。

表 4-9 情景分析法与一般预测方法比较

| | 一般预测方法 | 情景分析法 |
|---|---|---|
| 整体上 | 局部方法 | 整体方法 |
| 基本观点 | 所有的事情都是平等的 | 所有的事情并非平等 |
| 变量 | 定量、客观和显性 | 定性、定量、主观、隐性 |
| 关系 | 静态、固定结构 | 动态自改进结构 |
| 解释 | 用过去解释未来 | 从现在的情况出发 |
| 未来 | 唯一确定 | 多维不确定 |
| 方法 | 定性、定量模型 | 有意识分析、结构分析(定性) |
| 对未来态度 | 被动或适应性 | 积极和创造性 |

### 4.6.2 实例

在 1999 年欧盟完成的“欧盟 2010——未来的五种可能”(Scenarios Europe 2010——Five Possible Futures for Europe)研究中，主要采用情景分析方法[126]。该研究首先进行 5 个方面的局部分析，然后进行整体分析。

*1. 局部分析*

局部分析主要包括以下 6 个步骤。

(1) 收集文献，开始讨论。参与者递交文章，说明与讨论主题有关的主要事实，提出与未来相关的问题。

(2) 变量选择。采用头脑风暴等方法，列出对讨论主题可能有影响的各种变量，形成一个复杂清单。然后，每个变量被划分为各种因素，这些因素被认为是可认知的、有目的的和分散的，对形成未来结果是十分重要的(在考虑每种倾向时应牢记其变化或转折点)。通过讨论，形成最初的变量清单，通常情况下有 10～15 个。

(3) 组成小场景(Mini-scenario)。将设计好的问卷发给小组专家中的每个成员，专家对每种因素可供选择的发展路径进行回答。这些回答详细描述了产生可供选择的比较组。事实上，这意味着对每种因素产生了可供选择的“故事”。表 4-10 是对“经济适应能力”选择的各种变量以及与每种变量相关的小场景标题。

表 4-10 “经济适应能力”主题中的影响因素和场景

| | | | | | |
|---|---|---|---|---|---|
| 1.人口统计 | 低人口增长，合作者适度增加 | 低人口增长，合作者快速增加，开放的移民政策 | 低人口增长，合作者增加较少，不开放的移民政策 | | |
| 2.技术/机构 | 没有突破，规模缩小，欧洲的高技术发展继续非专业化 | 非专业化。二元化增强，欧洲的高技术发展更加非专业化 | 有主要突破，欧洲技术创新和赶上 | 有主要突破，技术增加并减少差距，欧洲赶上 | 有主要突破，技术增加并减少差距，但欧洲仍然落后 |
| 3.文化/价值 | 个人主义增强，对未来产生恐惧 | 个人主义大大增强，社会和地区种族隔离 | 社会和生态觉醒的复活，地区和局部经验 | 对全球化反感，贸易冲突 | |
| 4.全球化 | 进一步全球化，部分人反对，一些地方困难 | 加速全球化，形成没有边界的世界 | 全球化减慢，地区封闭 | 全球化危机 | |
| 5.宏观经济政策 | 经济和货币联盟(EMU)具有有限的协调作用，压力不大 | EMU 具有有限的协调作用，有较大压力 | EMU 具有较大的协调作用 | 经济和货币联盟失败 | |
| 6.工业政策 | “水平”政策(竞争方式) | 不规则化和个人化加快 | 新经济政策(重点是使用者) | “重商主义”工业政策 | |
| 7.社会和雇佣政策 | 社会保护的“消耗性”调整 | 强大劳动力市场的管制，福利制度 | 对福利制度改革的强烈反对 | 福利制度改变：普遍性和个别刺激 | |

续表

| | | | | | |
|---|---|---|---|---|---|
| 8.国际规则 | 联合公共机构加强 | 联合公共机构加强，地方主义增加 | 联合公共机构减弱，反对自由化 | 全球公共机构加强(经济安全委员会) | |
| 9.欧洲一体化 | 扩大的欧洲，进一步一体化 | 扩大的欧洲，简单一体化 | 有限地扩大，进一步一体化 | 扩大化失败 | |

注：共有13个变量，表中仅列出9个。表中2、3、4、5、7为主要变量，表4-10同此。

(4) 选择主要变量(Pivot variables)。由于可供选择的因素太多，故每个小组应集中在那些最有可能构成未来不同画面的变量上。为了能方便地进行这种选择，每个因素按“不确定性”和“影响力”两个方面进行排序。只有那些“不确定性”和“影响力”都排分最高的变量被选为“主要变量”，主要变量一般5～6个。

(5) 脚本选择。选择时仅仅考虑主要变量。主要变量的各种小场景组合可能是合理的和一致的，但也可能是似是而非的。通常选择6～8组一致性较好，能相互配合的小场景组合，然后每个组合选择一个适当的标题。表4-7给出了“经济适应能力”主题中的两种组合(称为工作组)，文字加重部分表示为每个主要变量所保留的场景(这里仅考虑5个变量)。如果工作组对选择的组合满意，则其他非主要变量也被主观地加到每个组合之中。最后，经过合并和排除处理，选择的组合被减少到5个。这5种场景组合中的每一种就是不同脚本的提纲。专家把上述(3)～(5)的分析叫做形态分析(Morphological Analysis)，这种方法是美国人F.Zwicky在1947年首次使用的。

(6) 撰写局部剧本。根据场景提纲撰写剧本(大约3 000字左右)，形成叙述性的局部情景分析(表4-11)。

表 4-11 “经济适应能力”主题中选择的局部脚本

局部情景分析：自由主义

| | | | | | |
|---|---|---|---|---|---|
| 2. 技术/机构 | 没有突破，规模缩小，欧洲的高技术发展继续非专业化 | 非专业化。二元化增强，欧洲的高技术发展更加非专业化 | 有主要突破，欧洲技术创新和赶上 | **有主要突破，技术增加并减少差距，欧洲赶上** | 有主要突破，技术增加并减少差距，但欧洲仍然落后 |
| 3. 文化/价值 | 个人主义增强，对未来产生恐惧 | **个人主义大大增强，社会和地区种族隔离** | 社会和生态觉醒的复活，地区和局部经验 | 对全球化反感，贸易冲突 | |
| 4. 全球化 | 进一步全球化，部分人反对，一些地方困难 | **加速全球化，形成没有边界的世界** | 全球化减慢，地区封闭 | 全球化危机 | |
| 5. 宏观经济政策 | **经济和货币联盟(EMU)具有有限的协调作用，压力不大** | EMU 具有有限的协调作用，有较大压力 | EMU 具有较大的协调作用 | 经济和货币联盟失败 | |
| 7. 社会和雇佣政策 | 社会保护的“消耗性”调整 | **强大劳动力市场的管制，福利制度** | 对福利制度改革的强烈反对 | 福利制度改变：普遍性和个别刺激 | |

局部情景分析：欧洲复兴

| | | | | | |
|---|---|---|---|---|---|
| 2. 技术/机构 | 没有突破，规模缩小，欧洲的高技术发展继续非专业化 | 非专业化。二元化增强，欧洲的高技术发展更加非专业化 | **有主要突破，欧洲技术创新和赶上** | 有主要突破，技术增加并减少差距，欧洲赶上 | 有主要突破，技术增加并减少差距，但欧洲仍然落后 |

续表

| | | | | | |
|---|---|---|---|---|---|
| 3. 文化/价值 | 个人主义增强，对未来产生恐惧 | 个人主义大大增强，社会和地区种族隔离 | **社会和生态觉醒的复活，地区和局部经验** | 对全球化反感，贸易冲突 | |
| 4. 全球化 | 进一步全球化，部分人反对，一些地方困难 | **加速全球化，形成没有边界的世界** | 全球化减慢，地区封闭 | 全球化危机 | |
| 5. 宏观经济政策 | 经济和货币联盟(EMU)具有有限的协调作用，压力不大 | EMU 具有有限的协调作用，有较大压力 | **EMU 具有较大的协调作用** | 经济和货币联盟失败 | |
| 7. 社会和雇佣政策 | 社会保护的“消耗性”调整 | 强大劳动力市场的管制，福利制度 | 对福利制度改革的强烈反对 | **福利制度改变：普遍性和个别刺激** | |

2. 整体分析

在5个局部分析的基础上再进行整体分析，共分为以下6个步骤。

(1) 局部脚本组合的一致性排序。理论上讲，每个主题的整体脚本是局部脚本的组合。但这种组合太多，需要采用一种技术，挑选出全部一致性的组合。只有那些高度一致的组合才被保留下来作进一步考虑。

(2) 选择整体脚本。指导小组集中考虑8～10种较突出的一致性组合。也就是说，在每种组合中，只有那些相互没有冲突、具有明显特征、能与其他脚本区分的组合才被保留下来。通过合并和排除处理，将组合减少到5种。这5种组合就是整体脚本的提纲。

(3) 整体脚本的重点分析。反复阅读局部脚本，从中选择能够重现不同工作组的重点。重点的作用是能够简明描述每个整体脚本，并剔除那些被认为是相互矛盾和有缺陷的脚本。

(4) 提纲脚本试演。按照整体脚本提纲，编写一份提纲脚本供大家讨论(在欧盟内部准备了10份，在欧洲、美国和亚洲准备了20份)，然后收集各种批评和评论意见，经过仔细检验后，把认为合理的加入其中。

(5) 撰写整体脚本。根据局部脚本的提纲组合和重点分析结果，撰写每个整体脚本的叙述性剧本(通常4 000字)。

(6) 完成总脚本。整体脚本共进行了两轮讨论，第一轮是作者之间，第二轮是指导小组之间，最后完成总的情景分析结果。

## 4.7 颠覆性技术的预见与监测

目前，在技术预见德尔菲调查过程中，存在的一个问题就是技术专家对未来共识性技术容易达成共识，而对非共识技术——颠覆性技术容易忽略和遗漏。而颠覆性技术对未来产业发展方向起着非常重要的作用，那么如何预见和监测颠覆性技术，目前国内外研究还比较少，很值得人们进一步研究。

### 4.7.1 颠覆性技术及技术创新的概念与作用

技术创新通常被理解为在一定的技术积累与技术能力基础上实现的。持续性技术创新的共同特征是沿着企业组织主流市场中主要顾客的需求曲线提高已定型产品性能。但20世纪90年代以来，技术创新加快的趋势，使人们更加重视一种与以往的持续性技术创新完全不同的新的技术发展模式——颠覆性(突破性)技术(Disruptive Technology)创新，颠覆性技术往往在发展的初期低于原有技术产品的技术性能，以后会很快超越原有技术，并产生对原有技术的进行尽可能的挤压甚至替代[127]。这种新模式常常导致那些习惯于持续性技术(Sustaining Technology)创新模式思维的企业家陷入困境，而技术落后的国家、地区、企业却可能因此获得与技术相对领先的国家、地区、企业在同一起跑线上竞争甚至于超越它们的机会，实现技术跨越。

关于颠覆性技术的定义有很多，很多学者从定义入手开始了很多工作。虽然国外学者日益重视对颠覆性技术的研究，但是对于持续性、渐进性的技术研究来说，国内外对颠覆性技术预见和颠覆性技术创新的研究还很匮乏。造成这样的局面主要有以下三个方面的原因：①我国企业和科研院所所从事的颠覆性技术创新项目比较少，这给学术研究的样本选取带来了很大的困难；②颠覆性技术创新的周期都比较长，需要长期的跟踪监测研究，目前我国科研经费不足以及其他原因，很难实现跟踪监测研究；③我国长期以来注重持续性的技术改进，这种主流思想也阻碍了对颠覆性技术预见与创新的研究。

概念界定是深入研究的基础，纵观国际上对颠覆性技术预见与创新的研究，不同学者从不同角度给出了颠覆性技术的定义，下面是一些具有代表性的定义。

(1) 颠覆性技术是那些通常会导致整个产业的完全改变，并最终能成为新产业旗帜的技术(Lew Elias, 2000)。

(2) 颠覆性技术是采用破坏性方法和力量产生颠覆性的创新与思想的一种技术(Erik van Bekkum, 2000)。

(3) 颠覆性技术是能带来或潜在导致以下一个或几个方面后果的创新技术类型：一系列全新的性能特征；比已知性能特征提高 5 倍或 5 倍以上；产品成本大幅度削减(Richard Leifer, 2000)。

(4) 颠覆性技术是使产品、工艺或服务或者具有前所未有的性能特征或者具有相似特征但是性能或成本都有巨大提升，或者创造出一种新产品(Vadim Kotelnikov, 2001)。

(5) 颠覆性技术是推动产品报废，大范围取代现有的即使是最成功的现存产品技术的过程(Frank Fernandez, 1999)。

(6) 颠覆性技术是那些并不按照企业主流用户的需求性能技术改进轨道上进行改进的技术，也可能是暂时还不能满足企业主流用户需求的创新技术。颠覆性技术的发生与发展往往一开始在短期内在产品技术性能上低于原有技术产品，以后会很快超越原有技术，并产生对原有技术的替代(C. M. Christensen, 1997)[127]。

(7) 北京邮电大学教授忻展红对颠覆性技术在通信产业技术创新过程中的替代作用，进行了详细的分析研究，指出颠覆性技术是一种对原有技术彻底颠覆取代的技术，代表着未来产业技术的发展方向，是未来产业发展的驱动力，对现有企业生产经营方式影响巨大。

颠覆性(突破性)技术与持续性技术如图 4-6 所示。

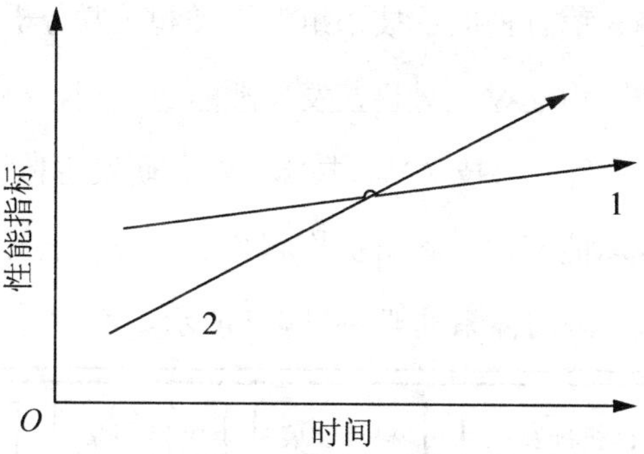


**图 4-6　颠覆性(突破性)技术与持续性技术**

注：1—持续性技术；2—突破性技术。

### 4.7.2　技术监测理论

1995 年由美国佐治亚理工学院 Alan Porter 等人提出的技术机会分析(Technology Opportunities Analysis，TOA)理论方法，其出发点是发展以数据分析为基础，对特定单一技术领域、方向进行定量监测、评估，并应用竞争策略，侧重于捕捉、预测新技术生长点的技术评估和预测的新方法(Porter, Detampel, 1995；Watts, Porter, 1997；Kostoff, 2000)。在此基础上，我国学者朱东华、陈玉祥等人提出了技术监测的理论方法。

技术监测(Technology Monitoring，TM)是对过去、现在和未来的科学、技术、经济和社会发展所进行的系统研究，以科学技术信息、数据分析为基础，以数据挖掘(Data Mining)、信息萃取(Information Extraction)、知识发现(Knowledge Discovery)、数据可视化技术(Data Visualization)等信息科学前沿技术为手段，综合集成各方面专家的战略性智力，对科学技术活动进行动态监视、测量、分析及评估的方法。其目标是为技术管理及决策提供动态、准确地科学技术发展状态，从而把握技术机会，降低风险，提高效率[128-130]。

技术监测的核心思想是以数据库、网页、图书期刊、专家知识等为数据源，以科技信息动态监测、信息抽取、技术组群聚类和关联分析、监测指标、概念层次、数据可视化等技术为支撑，对科技发展战略与计划、科技发展环境与需求、特定技术领域、技术项目、科技文献、技术专利、研发主体等对象的监测与分析，从而为政府科技管理职能部门、科研机构和企业界在科技管理方面提供有效的数据和知识支持。技术监测的体系框架如图 4-7 所示。

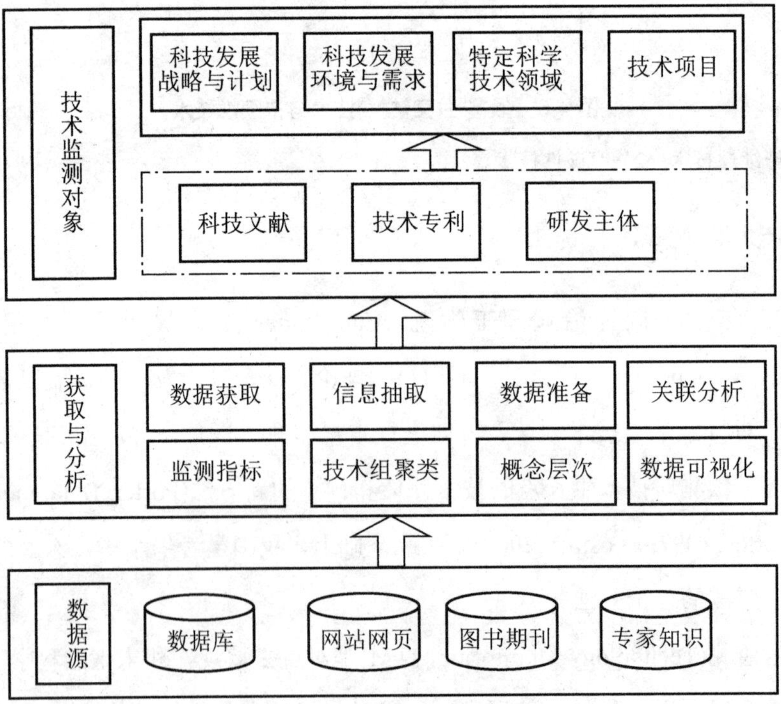


图 4-7 技术监测的体系框架

### 4.7.3 颠覆性技术的预见与监测方法

把技术监测理论方法运用到预见、监测颠覆性技术具有重要意义，其方法与步骤分为收集、筛选、评价和临界值设定 4 个阶段。

#### 1. 收集阶段

这一阶段工作的重要之处在于收集信息的范围应该覆盖一切可能的信息源而没有遗漏。

信息靠收集获取，首先必须设法保证监测目标及其环境的所有主要部分都在监测范围之内。因此，信息收集工作的第一步就是确定监测源和监测深度。对此过程应持灵活态度，根据实际情况和经验来修订监测范围和监测的深度。应把少数具有代表性的资料纳入监测系统，这样可以避免真正有用的信息淹没在大量的“噪声”中。

信息来源包括专业数据库、技术杂志、学术刊物、会议论文集、网站网页以及报刊、电视广播等。

#### 2. 筛选阶段

在选定了监测源的覆盖范围后，接着是对收集的信息进行筛选。筛选工作是对收集的信息进行反复的分析研究，不断集中。事实上，不可能存在预测某一颠覆性技术的独一无二的信号。相反，从前边的突破历史可知，更经常、更可能的是一连串事件(信号)。其中，没有哪一个事件能单独说明整个事情的发展，分开它们来分析几乎没有意义。但是，当把每一个信号放在以前信号所形成的前后关系中，就会说明问题，会显示出意义所在。因此，当从噪声中分辨有用信息(突破信号)时，一个关键问题是辨别事件发生的图谱，而不是寻找单个肯定的突破信号。图谱就是指一系列的信号或信息的前后关系。

筛选的目标是保证辨认出潜在的真实信息，并对每个真实信号采取自觉而明确的追踪。识别潜在真实信号的关键是下列事项的获得：①研究方向的改变；②研究或试验方法的改变；③支撑技术的突破；④资源变更和用户需求的变化等。对收集来的事件，可以根据这些变化加以评价，分析他们是否是潜在信号。

在初步认出潜在信号后，就需要进一步弄清楚它们的意义，是出现了新的研究方法或试验手段，还是研究趋势发生了新的变化，通过对潜在信号的处理，予以进一步证实或否定。

有了对未来事件性质的认识，就可以着手去寻找，这些事件有的可能已经存在，有的可能有待于出现。

信息筛选是一个不断反复、精益求精的过程。经过筛选，把预测者关心的信息纳入到监测系统中。另外，筛选工作不能只由预测者本人来完成，应当尽可能取得有关技术专家的帮助。

3. 评价阶段

一旦完成了筛选工作，还必须进一步评价这些信息项的实际重要性。评价工作应当回答与下面类似的一些问题。

(1) 是否真地会使本领域的研究产生根本变革或影响？

(2) 能否证实或否定所设计的图谱，是不是存在一种新的图谱。如果没有找到肯定或否定事件，就要调整搜索和辨别工作，以便搜集到和辨认出所要的信号。

(3) 评价活动还需要进一步清除噪声和假警报信号。

4. 确定临界值阶段

在评价基础上，经过一段时间的监测活动，收集到足够多的合乎图谱的证据之后，就应该在合适的时机发表技术突破的预测预报。为了确定这一恰当时间，必须定出一个临界判断标准。临界点应该选择得当，过高或过低都会造成不利的后果。临界点定在何处，应根据预测组织的利益决定。临界标准可以是竞争技术的性能水平、市场大小或其他技术标准。

事实上，评价和判定是结合在一起的。在评价工作转入正常后，就必须对收集的信息进行定期回顾。通过不断充实和分析，完善监测系统。当技术突破的假设分析日趋明确时，就应当根据临界判定标准，选择合适时机，发表技术突破的预测结果。这时，监测者应向决策者解释他监测到的图谱，其中包含了预测人员从各个不同角度和侧面取得的信息，供决策者采取行动。

## 4.8 动态技术预见理论方法框架模型

通过对技术预见与技术监测理论方法进行研究，笔者设计出动态技术预见体系框架模型，如图4-8所示。这个模型不仅包括对未来科学技术发展进行定期的技术预见与选择(一般为5年)，同时包括对关键科学技术进行实时的跟踪和监测，通过知识图谱(Knowledge Map)、数据挖掘(Data Mining)、信息萃取(Information Extraction)、知识发现(Knowledge Discovery)、数据可视化技术(Data Visualization)等信息科学前沿技术，可以预测、识别、发现具有潜力的新技术如颠覆性技术，从而为落后的国家、地区、企业从事自主创新、实现技术跨越提供了战略性智力支持。

技术预见方法论需要不断创新和系统集成。技术预见方法论是一切技术预见工作的基础，不仅关系到技术预见活动的成败，而且会影响到国家关键技术选择、科技政策和国家科技发展规划的制定。可见对技术预见方法论研究与探索具有重要的价值。

本书技术预见组合方法包括4个部分：①引文分析(识别快速发展的基础研究——应用基础研究领域)和专利分析(识别热点的、具有潜力的应用技术领域)；②情景分析；③社会经济发展需求调查；④德尔菲调查。文献计量引文分析和专利分析可以帮助人们找到前沿研究领域和我国的研究热点领域，情景分析可以帮助人们把握经济与社会的未来走势，社会经济发展需求调查可以帮助人们了解科学技术在多大程度上满足了经济社会发展的需求以及对社会经济的贡献程度如何，德尔菲调查可以把握重要技术课题的国际国内现状、发展趋势、限制因素和可能产生的社会经济效益，确定具有战略性的研究领域，选择那些对经济和社会利益具有最大化贡献的通用技术。这四个板块相互协作，共同完成技术预见实践，所有这些都是制定国家科技发展规划的重要依据。最后，本书把定期实施的技术预见与实时进行的技术监测结合起来，建立了动态技术预见理论方法框架模型。

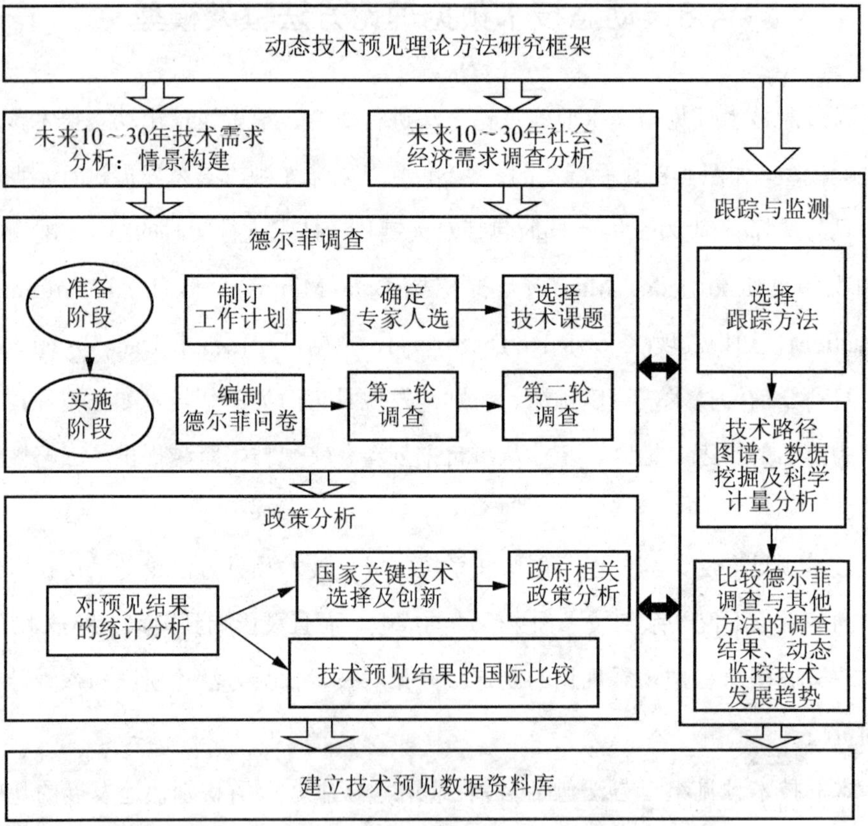


图 4-8　动态技术预见理论方法框架模型

# 第 5 章　国家关键技术选择方法研究

第 4 章主要介绍了技术预见的理论及方法，通过引文分析、情景分析、社会经济需求分析和德尔菲调查以及技术监测与跟踪分析 5 个板块协同工作确定出优先发展的技术领域、技术群及技术课题，本章的研究内容主要是在技术预见的基础上对预见技术清单进行定量分析，以确定国家关键技术。

## 5.1　国家关键技术选择研究

本章通过对我国及美国、日本、韩国、德国等国家关键技术选择进行较为深入的研究，探讨一下国家关键技术选择的程序和过程、原则和准则、方法等内容[131-133]。

### 5.1.1　国家关键技术选择的程序和过程

我国国家关键技术的定义参考了美国关键技术的定义，考虑到当时经济社会发展对科技发展的要求和我国军事研究与民用技术之间明确的分工特点，在定义时强调了关键技术对振兴产业、提高竞争力、促进经济增长的作用，而没有涉及关于国家安全的描述。因此，国家关键技术的定义如下：对振兴产业、提高国际竞争能力、促进经济持续增长、改善人民生活、保证国家强盛有决定性作用的技术。就其基本内涵来讲，国家关键技术是保障国家目标实现的一个先进技术群，各国因国家目标不同，所选择的国家关键技术也有所不同。而且，随着时间推移、技术发展以及国情和国际环境的变化，国家关键技术的内容也必然要随之作相应的调整和变更。作为国家关键技术，应具有以下 4 个特征。

(1) 重要性：这些技术对实现国家目标至关重要。这些技术的突破、创新和应用，对促进经济创新增长、提高国际竞争力、改善人民生活质量、保障国家强盛有着决定性作用。

(2) 通用性：这些技术应用领域广，能促进各种行业的发展。一般来说，通用性技术在具体应用时尚需作进一步的研究与开发。

(3) 带动性：这些技术能促进和带动多项技术的进步与发展。

(4) 实用性：这些技术必须是在一定时期(如 10 年或 15 年)内可以投入应用的，并且能同其他技术配套形成良好市场需求的产品、设备、系统和工程。

由于技术预见采取科学方法，综合集成社会各方面专家的创造性智慧，故其结果具有一定的科学性和权威性。依据技术预见结果进行国家关键技术选择，可以减少失误，降低风险。技术预见为国家关键技术选择奠定了基础，国家关键技术选择是技术预见的宗旨和目标。目前，也有部分国家把技术预见、国家关键技术选择和科技计划合而为一，而且被认为是一项保障国家目标实现的重要战略措施。

通过调研国内外国家关键技术制定过程，总结国家关键技术选择的基本程序主要包括建立组织机构、根据技术预见结果建立备选技术清单、确定选择准则、开展关键技术选择、通过综合集成提出选择结果清单、通过领导小组审核写出论证报告等。其主要通过专家会议法和德尔菲法来完成国家关键技术选择。

根据上述定义和特征，国家关键技术选择是关系到国家科技发展战略的重大问题。由于各国关键技术的选择与创新体系的发展有关，故其选择过程不仅是国家科技管理部门的事情，也是与各部门、行业及企业本身的发展息息相关的。因此，技术选择的组织形式及选择过程应尽量设法争取各部门的参与，高层专家和第一线专家的支持。其组织结构及选择程序的框架如图 5-1 所示。

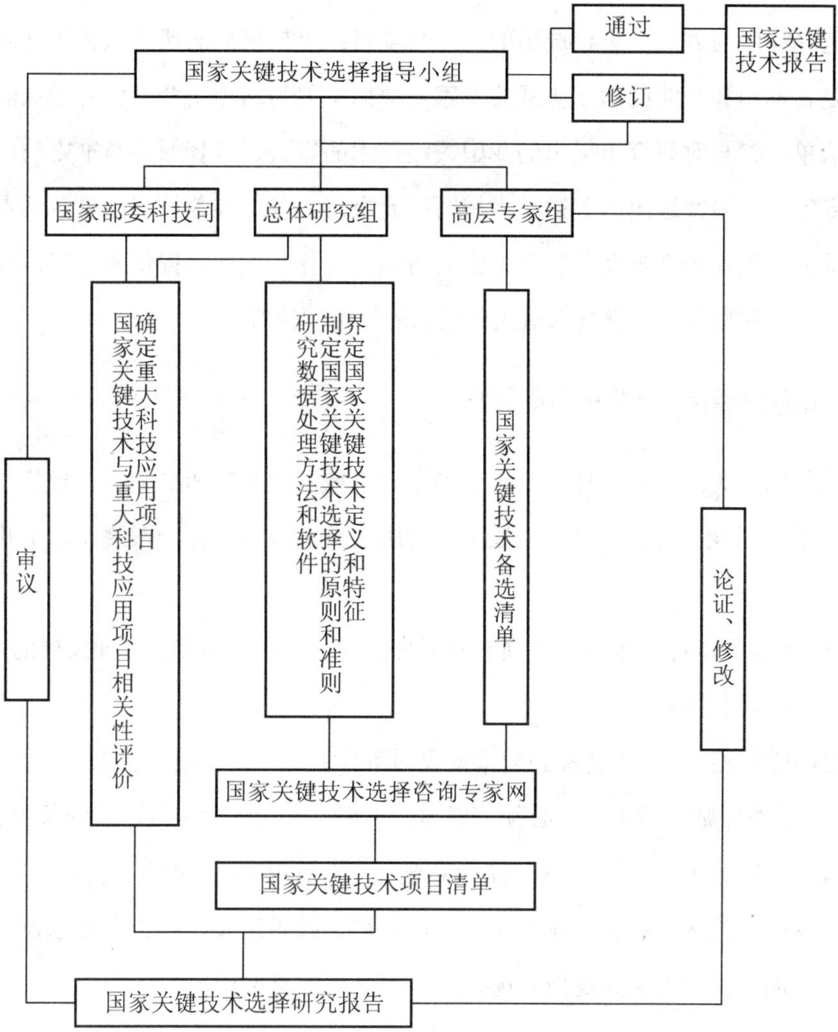


图 5-1 国家关键技术选择的组织结构及选择程序

在图 5-1 中，上层是关键技术选择的指导与组织工作；中间的研究组是一个研究工作班子，上面有国家关键技术选择指导小组，与研究组并列的是参与工作的高层专家组和部委科技司。国家关键技术领导小组的成员有国家科技部科技政策与规划的管理人员、国家级战略决策专家。其责任是确定国家关键技术选择的任务和目标及其与科技发展战略的关系；审定国家关键技术的定义、选择原则与准则，选择程序与方法；审核选出的技术与项目；审核最后的研究报告等。高层专家组是各部门和行业的国家级战略专家，他们主要为这项研究提供各领域的备选技术清单，参与对研究组提出的我国关键技术的定义、选择原则与准则的讨论，有些专家还为最终选出的关键技术撰写研究报告。各部委科技司主要负责本部门或行业的关键技术选择及其评价方面的协调与合作，主要是提供本部门或行业的重大应用工程项目及关键技术对这些项目的作用评价等。

### 5.1.2 国家关键技术选择的原则和准则

进行国家关键技术选择，首先要确定评价技术的原则和准则，指导整个工作使之科学、严谨、规范、可信。我国进行国家关键技术选择一般遵循以下几项基本原则。

(1) 需求原则：技术选择必须紧密围绕我国基础产业和支柱产业发展的需求，注意推进新兴高技术发展。

(2) 能力原则：技术选择必须依据我国所具备的资金和技术能力。

(3) 效益原则：技术选择必须考虑高回报率，重在近期实效，兼顾长远利益。

(4) 科学原则：技术选择必须尊重科学技术发展规律，考虑世界技术发展方向。

国家关键技术选择需要综合考虑经济发展、技术进步、社会发展以及可行性等多个方面，我国国家关键技术选择的一般准则见表 5-1。

**表 5-1 国家关键技术选择准则**

| | |
|---|---|
| 经济发展 | ①战略目标；②市场需求；③经济效益；④产业竞争力 |
| 技术进步 | ⑤重要性；⑥通用性；⑦带动性；⑧技术差距性 |
| 社会进步 | ⑨环境保护；⑩生活质量；⑪社会发展 |
| 可行性 | ⑫经济承受能力；⑬我国研发基础；⑭技术成熟程度；⑮产业化时间 |

### 5.1.3 我国以前国家关键技术选择的评述

我国以前进行的国家关键技术选择研究主要考虑了技术重要性、技术带动性这两个技术进步因素，而没有考虑市场需求这个现实和重要的经济发展因素，而且主要以专家会议法、德尔菲法等专家调查法的定性分析方法为主。而对考虑市场需求因素的国家关键技术定量选择模型与方法还很少有过研究。

## 5.2 建立我国国家关键技术定量选择模型

### 5.2.1 模型选择的因素和原因

由于国家关键技术重要性特征，因此，技术发展重要性以及技术带动性两个因素一直成为我国国家关键技术选择考虑的重要因素。本书在保留这两个因素的基础上，增加考虑市场需求这一因素，主要包括以下两个原因。

1. 国家关键技术选择过程中需要考虑技术未来的市场需求

国家关键技术具有重要性、带动性、先导性、基础性、安全性和前瞻性等特征。但通过前面的研究发现，关键技术要想持续研究与开发，必须有好的市场前景，因为任何一门科学技术的发展都是市场需求拉动和技术的自身发展推动共同起作用的，特别是在市场经济中，市场需求的作用对关键技术的发展更为重要。所以，考虑技术市场需求因素有利于国家关键技术的选择。

2. 其他国家的经验借鉴

日本和韩国通过实施技术预见，确定国家关键技术，成为高新技术发展成功的典型代表。但通过研究可以发现，他们在选择国家关键技术时都对未来技术的市场前景特别重视，把市场需求因素作为关键技术选择的重要考虑因素。所以，他们的经验值得借鉴。同时开展技术预见与国家关键技术选择时，要注重与发达国家进行国际交流与合作，注意颠覆性技术的发展，避免国家关键技术的漏选。

### 5.2.2 国家关键技术选择基本假设

本书研究提出以下 4 项基本假设。

假设一：

在其他因素相同的情况下，市场需求程度与我国把该项技术作为国家关键技术选择程度呈正相关，即该项技术市场前景越好，就越应将该项技术作为我国的国家关键技术，优先考虑发展该项技术。

假设二：

在其他因素相同的情况下，该项技术带动性与我国把该项技术作为国家关键技术选择程度呈正相关，即我国该项技术带动性越大，就越应该把该项技术作为我国的国家关键技术，优先考虑发展该项技术。

假设三：

在其他因素相同的情况下，该项技术发展重要性与我国把该技术作为国家关键技术选择程度呈正相关，即我国该项技术发展重要性越大，就越应将该项技术作为我国的国家关键技术，优先考虑发展该项技术。这一假设与国家关键技术最重要、最基本的特征——重要性(关键性)以及我国多年来国家关键技术选择实践相吻合。

假设四：

国家关键技术定量选择模型考虑的市场需求、技术带动性、技术发展重要性 3 个因素两两线性独立、不相关。这一假设是为了研究方便而假设的，其实这 3 个因素不完全是两两独立、不相关。

### 5.2.3 模型的构建

国家关键技术定量选择模型如下所示。

$$P=\{P_i | C_i \geqslant \alpha\}, \qquad (i=1, 2, \cdots, n).$$

$$\begin{cases} C_i = WX^T = \sum_{j=1}^{3} W_j X_{ij} \quad , \quad (j=1,2,3), \quad (i=1,2,3,\cdots, n) \\ W=(W_1, W_2, W_3)=(W_{市场需求}, W_{技术带动性}, W_{发展重要性}) \\ X=(X_{i1}, X_{i2}, X_{i3})=(X_{i市场需求}, X_{i技术带动性}, X_{i发展重要性}) \end{cases}$$

式中：$X_{需求情况}=(X_{需求大}, X_{需求较大}, X_{需求一般}, X_{需求较小}, X_{需求小})$；

$X_{技术带动性}=(X_{显著}, X_{比较显著}, X_{一般}, X_{较差}, X_{差})$；

$X_{发展重要性}=(X_{强}, X_{较强}, X_{一般}, X_{较差}, X_{差})$；

$P$ 为被选择的国家关键技术集合；

$C_i$ 为第 $i$ 项技术总得分；

$\alpha$ 为国家关键技术选择的得分阈值；

$W_j$ 为第 $j$ 个指标的权重；

$X_{ij}$ 为第 $i$ 项技术关于第 $j$ 个指标的得分。

经过规范的专家调查，广泛征求科技、经济和社会各方面专家的意见，得到权重系数和比重得分系数分别为

$$W=(W_1, W_2, W_3)=(W_{市场需求}, W_{技术带动性}, W_{发展重要性})=(0.4, 0.3, 0.3)$$

$$X_{需求情况}=(X_{需求大}, X_{需求较大}, X_{需求一般}, X_{需求较小}, X_{需求小})=(1, 0.8, 0.5, 0.2, 0)$$

$$X_{技术带动性}=(X_{显著}, X_{比较显著}, X_{一般}, X_{较差}, X_{差})=(1, 0.8, 0.5, 0.2, 0)$$

$$X_{发展重要性}=(X_{强}, X_{较强}, X_{一般}, X_{较差}, X_{差})=(1, 0.8, 0.5, 0.2, 0)$$

上面建立的国家关键技术定量选择模型其实是一个评分定量模型，通过计算各项技术的得分并对它们的得分进行排序，按被选择国家关键技术集合 $P=\{P_i | C_i \geqslant \alpha\}$ 选择国家关键技术群(例如 $\alpha=0.85$)。

根据我国重点技术发展领域技术课题清单，把这些技术清单作为本书评估国家关键技术的技术清单。

通过国家关键技术选择模型得分计算，得出以下28项国家关键技术重点发展领域。

(1) 新材料(8项)。

高性能金属结构材料；
特种纤维复合材料；
先进复合材料技术；
环境友好材料技术；
纳米材料技术及应用；
生物医学材料技术；
高性能、低成本钢铁材料；
工程塑料及新型催化剂。

(2) 信息与计算机技术(8项)。

应用软件；
集成电路；
国家信息网络系统技术；
高性能计算与高性能计算机；
数字移动通信产品；
功能基因组和生物芯片；
数字音视频技术；
信息安全产品与系统。

(3) 先进能源(6项)。

新型节能、储能技术的基础研究；
新能源和可再生能源；
核能技术；
大型乙烯工程关键技术开发；
石油勘探技术及设备、油气(近海油气)资源发展关键技术；燃料电池。

(4) 先进制造(1项)。

工业机器人。

(5) 生物技术(4项)。

动植物转基因技术及转基因新品种；

生物制药与生物安全技术；

基因工程多肽及基因治疗药物；

重大及感染性疾病发病机制及快速诊断。

(6) 其他(1项)。

智能运输系统。

# 第5章 国家关键技术选择方法研究

本章在建立的 4 个假设基础上，运用技术价值评估方法，建立了国家关键技术定量选择模型，模型选取了技术市场需求、技术带动性、技术发展重要性 3 个因素来选择国家关键技术，尤其是考虑到市场需求因素重要性，并对该因素选择的原因进行了分析说明。

# 第 6 章　国家关键技术创新模式选择研究

按照国家关键技术定量选择模型选择国家关键技术群之后，就该涉及这些国家关键技术创新过程如何实施的问题，这其中就涉及技术创新模式选择问题。

本书所分析的技术创新模式为自主创新模式、合作创新模式、模仿创新模式 3 种不同的发展模式。具体到我国国家关键技术的发展和创新来说，也有这三种发展模式：①对国家关键技术进行自主研发(R&D)原始创新；②联合其他国家对一些我国国家关键技术进行合作创新，通过双方的优势互补来实现技术的发展；③对国家关键技术进行引进消化吸收模仿创新。

本书探讨的我国国家关键技术创新模式，无论是自主创新模式、合作创新模式，还是模仿创新模式，均是国家层面的、以国家为创新主体来讨论的。本章主要包括两部分内容。

(1) 国家关键技术创新模式宏观路径分析。本部分首先对技术创新及模式进行探讨，然后分析我国一般技术创新模式，在此基础上考虑到我国国家关键技术特性，进行国家关键技术创新模式的宏观路径分析。

(2) 国家关键技术创新模式微观选择方法研究。本部分首先介绍我国一般技术创新模式选择方法，然后根据我国国家关键技术特点，提出基于投资收益的国家关键技术创新模式选择模型。

# 6.1 国家关键技术创新模式分析

## 6.1.1 技术创新及模式回顾

1911 年，熊彼特(J. A. Schumpeter)首次提出以创新为主的经济发展理论。该理论认为创新是建立一种新的生产函数，即把一种从来没有的关于生产要素和生产条件的新组合引入生产体系。创新包括 3 类，即市场创新、组织创新和技术创新。在熊彼特之后，国外很多学者相继对技术创新进行了研究。但通过调研发现，技术创新并没有一个统一的概念界定，但其核心是一种技术经济活动，它包括从一种新的技术设想的产生，到研究、开发、试制、生产制造并首次商业化实现的全过程。

创新主体技术创新模式有不同分类，如弗里德曼将其划分为进攻型、防御型、模仿型、依附型、守成型和机会型创新模式；尼德则划分为领先型、追赶型、应用工程型和模仿型创新模式；根据创新主体与外部经济环境的关系、技术来源与创新活动方式，经济学家安索夫(Ansoff)、弗里曼(C. Freeman)和我国学者傅家骥将技术创新的模式分为自主创新模式、模仿创新模式和合作创新模式 3 种类型。本书主要讨论这三种技术创新模式。

所谓自主创新模式，是指创新主体自我主导的创新形式，以自身的研究开发为基础，通过提高科技原始性创新能力、集成创新能力和引进消化吸收再创新能力，通过自身的努力和探索攻破技术难关，实现科技成果的商品化、产业化和国际化，并拥有一批自主知识产权，进而提高国家竞争力的一种创新活动。

所谓模仿创新模式，是指创新主体通过学习模仿率先创新者的思路与行为的方法，取长补短，通过引进购买或反求等手段吸收和掌握率先创新者的核心技术和技术秘密，并在此基础上对率先创新进行改进和完善，进一步开发和生产富有竞争力的产品的技术创新行为，具有跟随性特点。

所谓合作创新模式，是指多个创新主体之间联合开展创新的做法，合作者以其共同的利益为基础，以资源共享和优势互补为前提，合作各方在技术创新的全过程或某些环节共同投入、共同参与、共享成果、共担风险的一种技术创新行为，这种模式渐已成为一种创新主要趋势。

具体说来，有以下几方面内容。

(1) 对发展中国家来说，模仿创新模式的知识获取主要通过技术设备进口、技术许可、技术转让、OEM、合资企业、合作生产协议等方式引进技术，并在干、学、用、培训、观察和模仿中对引进的国外先进技术进行学习。

(2) 合作创新模式知识获取的具体形式包括合作 R&D 协议、不同国家合作研究机构、合资研究主体、产学研合作研究、交换许可协议等方式，通过与合作方合作中的交互作用和研究主体自身的研究开发进行学习。

(3) 自主创新模式主要是以我为主进行知识获取，同时也广泛地利用知识网络，即在吸收外部知识资源的基础上重点进行原创性的技术创新，不断的研发活动和持续的研发投入、社会创新知识网络是重要的具体方式[135-138]。

自主创新模式、模仿创新模式和合作创新模式 3 种模式收益、风险等对比见表 6-1。

**表 6-1　3 种技术创新模式的对比表**

| | 模仿创新 | 合作创新 | 自主创新 |
|---|---|---|---|
| 投入 | 低 | 较低 | 高 |
| 风险 | 低 | 较低 | 高 |
| 占有技术优势 | 低 | 较低 | 高 |

### 6.1.2　我国技术创新模式理论综述

本书所指的一般技术主要是为了区别国家关键技术而提出的，是指一般非国家关键技术。

对于发展中国家的技术应采取何种创新战略，学者从不同的角度进行了激烈的辩论。国内外大多数学者认为，发展中国家包括中国应采用模仿、改进、创新的“3I”(Imitation、Improvement、Innovation)战略[139]，而且从模仿到创新的技术创新战略的实现过程，已被日本、韩国、中国台湾等国家和地区的经济奇迹一再证实。有关我国一般技术创新模式选择相关理论主要有中国的“二次创新”模式、技术模仿创新的后发优势论、技术能力与技术创新模式匹配理论等。

1. 技术模仿创新的后发优势论

我国学者施培公在 1999 年《后发优势》一书中通过对技术模仿创新理论、实证、内在机理、优劣势等进行深入分析，提出了技术模仿创新的后发优势论，主要结论有以下几个方面。

(1) 曾为后进国家的美国、日本、韩国成功地实现后来居上的历史经验表明，后发国家在发展的早期，其产业和经济的发展在相当程度上正是由大量的模仿创新推进的，我国作为正处于经济追赶阶段的发展中国家，也应该吸取这些国家的成功经验，将技术模仿创新作为现阶段技术创新的现实选择。

(2) 我国创新资金和技术力量紧缺状况决定我国尚无实力和可能在率先创新方面与发达国家展开全面竞争，而必须走模仿创新的道路。选择模仿创新为现阶段我国多数企业技术创新的主导战略，是我国创新资源状况的必然要求。

(3) 模仿创新是提高我国经济主体的运行效率，奠定经济赶超、后来居上的内在基础，是加速新技术扩散的重要手段、提高我国经济发展的现实之路。

(4) 模仿创新是我国经济发展中不可跨越的且正当其中的特定阶段。选择模仿创新为我国多数企业现阶段技术创新主导战略具有十分重要的现实意义。

2. 技术能力与技术创新模式匹配理论

对于中国这样一个技术研发基础薄弱的大国，要发展高技术，魏江(2002)提出了技术能力与技术创新模式匹配理论[141]，将其归结为3种发展模式：基于技术引进的技术能力提高过程模式、基于技术合作的技术能力提高过程模式、基于完全自主创新的技术能力提高过程模式。不同的技术能力提高过程模式是要根据技术创新发展主体技术能力的不同选择与之相匹配的技术创新模式。这三种模式的选择主要根据技术能力和技术类型的不同，而对于发展中国家中国一般技术发展来说，其技术创新过程总体上是基于技术追赶的，技术范围大多是由处于技术生命周期成熟阶段的成熟型技术逐渐向处于生命周期初始阶段的先导型技术过渡，技术创新模式的发展大都经历从模仿创新—合作创新—自主创新的演化路径。当中国的技术能力和技术积累达到一定高度时，创新模式主要为自主创新。

3. 中国的“二次创新”模式

浙江大学许庆瑞、吴晓波等人[140]对发展中国家的创新规律进行了研究，提出“二次创新”模式。该理论认为，发达国家以一次创新过程为主，而发展中国家的创新过程有别于发达国家的一次创新过程，是在引进发达国家的技术(包括有形的和无形的硬件、软件、脑件、支撑件等)的基础上，为了解决“引进—技术差距暂时缩小—技术水平停滞在原有引进水平上—差距再次拉大—再次引进”的“马太效应”而进行的创新。

吴晓波等又在此基础之上提出在全球竞争的大环境下发展中国家的企业以市场源为动力，参与国际竞争，从而构建了基于全球竞争的二次动态创新过程模型。该模型认为二次创新过程可分成4个阶段：①模仿创新阶段；②创造性模仿阶段；③改进型创新阶段；④后二次创新或准一次创新阶段。

中国的“二次创新”模式理论从宏观角度探讨了包括中国在内的不同发展中国家采用的技术创新模式。除该理论外，国际上比较有影响的相似研究还包括韩国学者金麟洙提出的韩国“模仿创新”理论、印度的技术吸收模式等。这些理论得出较为相似的结论：在国家技术创新模式选择上，由于发展中国家与发达国家处于不同的经济发展阶段和技术发展阶段，故发展中国家和发达国家宜采用不同的技术创新模式。发展中国家比较适合的技术创新模式如下：模仿创新—二次创新—实现自主创新的演化轨迹和路径。

4. 我国技术创新模式宏观路径选择

根据上面分析的中国的“二次创新”模式、技术模仿创新后发优势论、技术能力与技术创新模式匹配理论以及其他较多相关研究分析可以看出，对于处于工业化进程中的发展中国家中国的一般技术来说，根据我国自身创新资源的现状，从模仿创新、到合作创新再到自主创新是技术发展的一般创新模式的宏观路径，是符合技术创新模式演化规律以及我国基本国情的[142-150]，而事实上“引进、消化、吸收、再创新”也一直是我国进行技术创新与发展所遵循的重要原则。

### 6.1.3 我国国家关键技术创新模式分析与研究

我国国家关键技术在具有一般技术特性的同时，还与一般技术有着本质的不同。

(1) 市场需求潜力大。关键技术具有产业带动性，关键技术的解决能够带动相关产业的发展，能够使大量的企业跟进，带动就业，把产业做大做强，并且能提高人民的生活质量，有利于社会进步，所以关键技术具有很强的市场需求。

(2) 国家关键技术因素。国家关键技术一般都具有极强的国家战略重要性，对国家的国防、安全、经济、综合国力等多个方面有着重要的影响，这些特点决定了在创新模式上适宜以自主创新模式为主。

因此，本书考虑到我国国家关键技术的一般技术特性以及与一般技术本质不同的技术带动性因素和国家关键技术因素，建立以下的国家关键技术创新模式路径分析函数。

$y = f$(市场需求程度，技术战略重要性，技术带动性，创新资源)

由上可得，我国国家关键技术创新模式路径与市场需求程度、技术带动性、技术战略重要性、创新资源(包括技术创新能力、资金投入、设备状况、宏观政策等多个一般技术创新模式路径选择需考虑的指标)等多个因素相关，市场需求程度越高，技术战略重要性越强，技术带动性越大，创新资源越丰富越适合选择自主创新模式。反之，则越适合选择模仿创新模式。我国国家关键技术创新模式分析如图 6-1 所示。

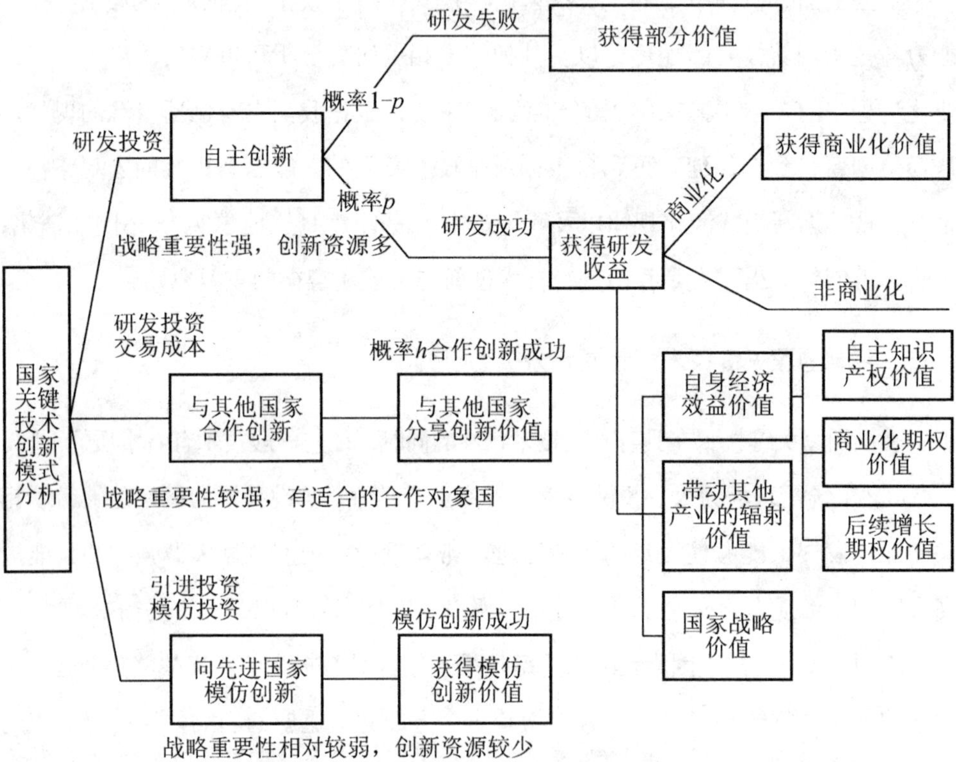


**图 6-1　我国国家关键技术创新模式分析图**

由于市场需求和国家关键技术特性两个重要因素的影响，因此，我国国家关键技术创新模式选择与一般技术就有很大差异，不能照搬一般技术的创新模式宏观路径。一般技术根据我国自身创新资源的现状，从模仿创新、到合作创新再到自主创新是技术发展的一般创新模式宏观路径。但由于国家关键技术特性，故越是关乎国家命运的战略重要性强的技术，越需要进行自主研发创新。

因此，我国国家关键技术出现与一般技术不同的创新模式宏观路径，即根据我国国家关键技术特性和市场需求程度，理论上认为一般适合选择以自主创新模式为主导，到合作创新、再到模仿创新的宏观发展路径。其实新中国成立后特别是改革开放以来，中国人民依靠自己的智慧和力量，对于一些国家关键技术取得了一批重大的自主创新成果。“两弹一星”、神舟飞船、TDS-CDMA 标准建立，都标志我国自主技术创新迈向新的阶段。目前，我国已把“大飞机”项目列为国家科技专项，重点发展，表明我国政府坚持自主创新的决心和胆略。

## 6.2 国家关键技术创新模式选择方法研究

### 6.2.1 我国一般技术创新模式选择方法

通过调研发现，我国一般技术创新模式选择大多以定性分析或定性与定量相结合的方法为主，而且大都是针对企业的技术创新模式选择[151-152]。

### 6.2.2 国家关键技术创新模式选择方法

目前，大多数技术价值评估方法都可归于传统的成本法、市场法与收益法 3 种基本模式，而以收益为基础的方法能反映技术资产的增值特性，是公认的最佳价值评估方法。因此，本书提出了基于投资收益的创新模式选择模型法。该方法以技术价值评估为基础，应用技术价值评估收益法的基本方法收益现值法和实物期权评估法等方法，首先建立关键技术自主创新、合作创新、模仿创新 3 种技术创新发展模式的投资价值模型，并对其成本和价值因素的定量计算方法进行探讨；然后在此基础上建立基于投资收益的创新模式选择模型。

### 6.2.3 国家关键技术自主创新投资价值模型

#### 1. 国家关键技术自主创新投资价值因素分析

当我国国家关键技术受到技术强国的严格出口限制、进口非常难，而且该技术对我国具有非常强的战略重要性，创新资源相对丰富时，我国对其发展适宜选择自主创新研发投资，自主创新投资一般又可以分成两个不同的阶段：技术研发阶段和商业化阶段。

国家关键技术进行自主创新，在技术研发阶段可能会以概率 $p$ 获得研发成功，也可能以概率 $1-p$ 失败。技术研发成功后，会获得研发价值 $R$。国内外很多学者对国家关键技术的效益要素进行了研究，比较具有代表性的是将国家关键技术效益分为技术产出、经济效益、社会效益，具体如图 6-2 所示[154-156]。

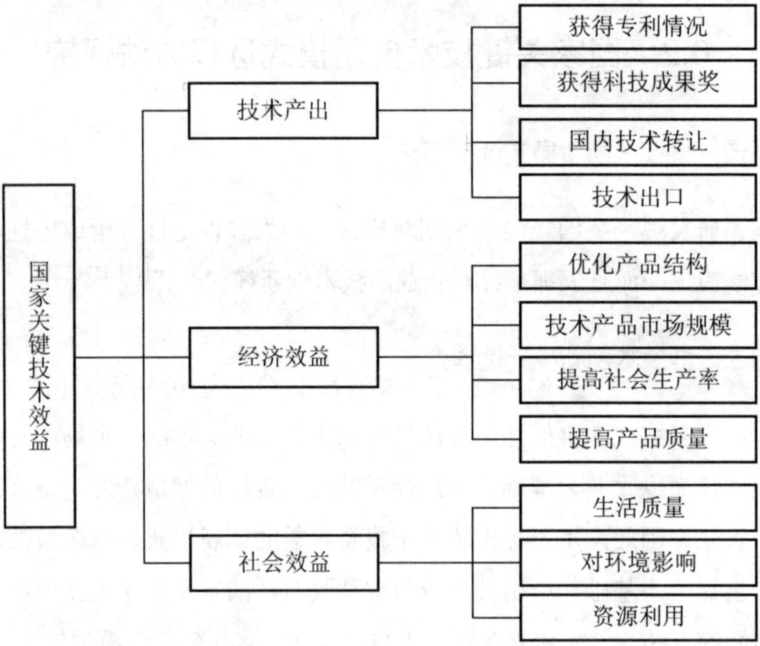


图 6-2　其他学者研究的国家关键技术效益指标图

本书综合以前学者关于国家关键技术效益的研究，确定国家投资对某项国家关键技术进行自主研发创新，成功后获得的研发价值 $R$ 主要包括自身经济效益价值 $R_1$ (具体包括进行商业化的期权价值 $R_{11}$、进行后续技术研发的增长期权价值 $R_{12}$、自主知识产权价值 $R_{13}$)。由于研发的国家关键技术具有较大的带动其他相关产业的价值，故本书称其为带动其他产业的辐射价值 $R_2$。由于国家关键技术具有国家战略性特点，故能够带来国家国防安全、国家综合竞争力和综合国力等国家战略价值，这里将其称为国家战略价值 $R_3$。可以看出，$R_1$ 主要体现的是国家关键技术的一般技术特性；$R_2$ 和 $R_3$ 主要体现的是国家关键技术特点；如果技术研发失败，也可能获得部分价值。自主创新获得的价值如图 6-3 所示。

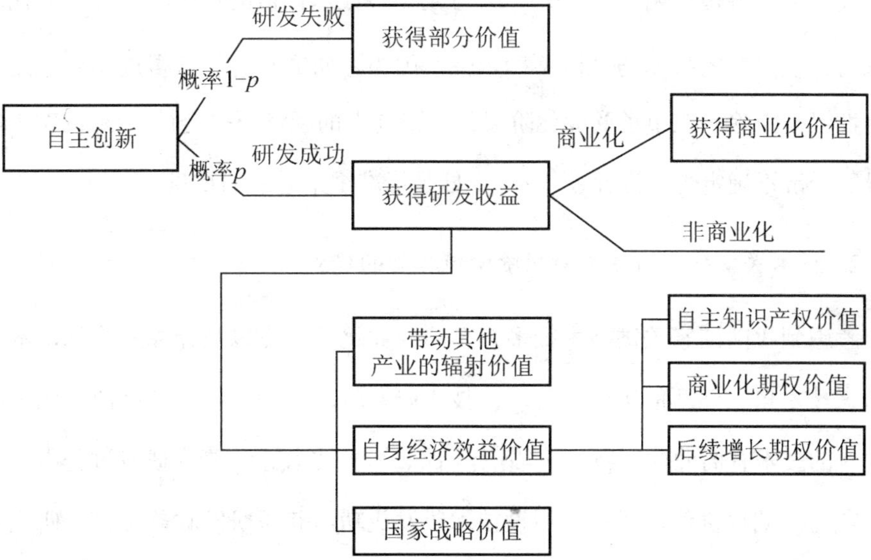


**图 6-3 国家关键技术自主创新价值组成图**

国家投资对某项国家关键技术进行自主创新，可能会以概率 $p$ 获得研发成功，也可能以概率 $1-p$ 研发失败。这个成功的概率 $p$ 主要与技术自主创新资源(包括技术创新能力、资金投入、设备状况、环境能力等)相关。为了便于量化和计算，本书将自主创新资源处理为可以计量的创新资源投资量(即将技术创新能力、资金投入、设备状况、环境能力等都折合成资金投资量)。设自主创新研发(R&D)成功必须要求的创新资源投资量为 $I_2$(本书中涉及的投资量一般指一次性投资，如果存在不同时点的分批投资，均采用同一折现率折现到期初时点当作一次性投资处理)。当技术投资国家实际创新资源投资量为 $I_1$ 时，R&D 成功的概率 $p$ 在很多研究中被认为 $p=\sqrt{I_1/I_2}$，$I_1 \leqslant I_2$；R&D 失败概率为 $1-p=1-\sqrt{I_1/I_2}$，本书也采用此概率计算公式。

技术研发成功后如果进行商业化，假定市场化的时机为 $T_m$，自主创新的价值 $V$ 在 $t \leqslant T_m$ 时服从几何布朗运动，即 $\mathrm{d}V = \alpha V \mathrm{d}t + \sigma_1 V \mathrm{d}z$；在 $t > T_m$ 时服从新的几何布朗运动，$\mathrm{d}V = \sigma_2 V \mathrm{d}z$。这里，$\alpha$ 是技术价值的瞬时增长率，$\alpha < r$ ($r$ 是无风险利率)，否则技术价值将趋于无穷大。$\sigma_1$、$\sigma_2$ 分别是各技术价值的瞬时波动率，$\sigma_1$ 代表了研究与开发阶段的技术与经济不确定性，因为在研究与开发获得成功后，技术不确定性已被消除，在市场商业化阶段只有市场上的经济不确定性；$\sigma_2$ 代表市场化阶段的经济不确定性，因此 $\sigma_1 > \sigma_2$。 $\mathrm{d}z$ 是标准维纳过程的增量。

2. 国家关键技术自主创新投资价值模型的建立

考虑到我国国家关键技术很多具有非商业化的特点以及计算的简化，本书重点考虑技术自主创新的第一个阶段：技术研发阶段，而不特意考虑商业化阶段。如果有的技术有商业化的特点(如集成电路、纳米技术等)，则在研发过程中考虑进行商业化的期权价值。另外，假设技术研发成功后获得研发收益 $R$，而研发失败获得价值 $R'(R' < R)$，通常为了处理方便，可以忽略 $R'$，认为 $R' = 0$。本书建立以下国家关键技术自主创新投资价值模型。

$$\begin{cases} PV_{\text{自主创新}} = pR + (1-p)R' - I_1 \\ R = R_1 + R_2 + R_3 \\ R_1 = R_{11} + R_{12} + R_{13} \\ p = \sqrt{I_1/I_2}\,(\text{技术创新资源不充足})\text{或}p = \sqrt{K^*/I_2}\,(\text{技术创新资源充足}) \end{cases}$$

式中：$PV_{\text{自主创新}}$ 为技术自主创新总价值；

$R$ 为创新成功获得的价值；

$R'$ 为创新失败获得的价值；

$p$ 为技术自主创新成功的概率；

$R_1$ 为技术自主创新成功的自身经济效益价值；

$R_2$ 为带动其他产业的辐射价值；

$R_3$ 为国家战略价值；

$R_{11}$ 为技术创新成功后商业化的期权价值；

$R_{12}$ 为技术创新成功后进行后续技术研发的增长期权价值；

$R_{13}$ 为技术自主创新成功的自主知识产权价值；

$I_2$ 为自主创新研发(R&D)成功必须要求的最大创新资源投资量；

$I_1$ 为技术投资国家实际创新资源投资量；

$K^*$ 为自主研发的最优创新资源投资量。

下面分别讨论和计算模型中的各个参数。

1) 技术自主创新成功的自身经济效益价值 $R_1$

$$R_1 = R_{11} + R_{12} + R_{13}$$

$R_1$ 的计算由以下 3 个部分组成。

(1) 计算技术自主研发成功后商业化的期权价值 $R_{11}$。

(2) 计算技术自主研发成功后进行后续技术研发的增长期权价值 $R_{12}$。

(3) 计算技术自主创新成功的自主知识产权价值 $R_{13}$。

对我国国家关键技术进行自主研发创新投资，由于投资成本的不可逆性、投资不确定性、可延迟性等特点和期权特性，所以对其投资产生经济效益单纯应用净现值等传统的投资决策方法显得有些无能为力。因此，本书遵循扩展的 NPV 理论，将期权价值考虑到传统的净现值中，采用实物期权理论进行分析和评价。由实物期权理论可知，投资者的任何投资机会都可以看做是投资者所持有的实物期权，投资者有权利没有义务在未来不确定性的变化对其有利时执行其投资期权，不利时就不执行。这种思想从根本上改变了人们对待不确定性的态度。我国国家关键技术自主创新投资同样是一种权利，因而可以看做是我国投资所持有的实物期权。一般的研发投资模型为了抓住研发项目中管理柔性的价值和战略期权价值，主要包括延迟的期权、阶段期权、增长期权等。就我国国家关键技术自主创新成

功的自身经济效益 $R_1$ 而言，其中包括创新成功后进行商业化的期权(即这里的 $R_{11}$)和创新成功后可以投资后续技术项目的战略增长价值(即这里的 $R_{12}$)。下面首先应用实物期权理论和方法对这两种期权进行探讨。

(1) 技术自主研发成功后商业化的期权价值 $R_{11}$。技术自主研发成功后商业化的期权价值很多学者进行了探讨[109]，本书关于我国关键技术自主研发成功后商业化的期权价值的探讨是在引用和借鉴他们的研究的基础上进行的。设关键技术研发成功后商业化期权的标的资产为非可交易资产，在此试图找到一种基于可交易资产的可比证券，它与关键技术研发期权的风险、收益相同，并且价格已定，那么这种基于非可交易资产的关键技术研发真实期权的定价可转换为基于可交易资产来进行处理。

假设标的技术资产 $\theta$ (包含非可交易资产)遵循以下过程：

$$\frac{\mathrm{d}\theta}{\theta} = m\mathrm{d}t + \sigma\mathrm{d}z \tag{6-1}$$

式中：$m$ 是 $\theta$ 的预期增长率；$\sigma$ 是 $\theta$ 的波动率，假设它们都是 $\theta$ 和 $t$ 的函数；$\mathrm{d}z$ 是维纳过程。

$f_1$ 和 $f_2$ 是两种以 $\theta$ 为标的资产的衍生证券，它们仅取决于 $\theta$ 和时间 $t$。可以假设 $f_1$ 和 $f_2$ 所遵循的过程为

$$\frac{\mathrm{d}f_1}{f_1} = \mu_1\mathrm{d}t + \sigma_1\mathrm{d}z \tag{6-2}$$

$$\frac{\mathrm{d}f_2}{f_2} = \mu_2\mathrm{d}t + \sigma_2\mathrm{d}z \tag{6-3}$$

此时，可根据期权定价的基本思想建立一个无风险的资产组合，即建立 $\sigma_2 f_2$ 个第一种衍生证券和 $-\sigma_1 f_1$ 个第二种衍生证券的瞬时的无风险综合，$\Pi$ 为该证券组合的价值。

$$\Pi = \sigma_2 f_2 f_1 - \sigma_1 f_1 f_2 \tag{6-4}$$

$$\Delta\Pi = \sigma_2 f_2 \Delta f_1 - \sigma_1 f_1 \Delta f_2 \tag{6-5}$$

将式(6-2)、式(6-3)代入式(6-5)，得

$$\Delta\Pi = (\mu_1\sigma_2 f_2 f_1 - \mu_2\sigma_1 f_1 f_2)\Delta t \tag{6-6}$$

由于 Π 在瞬时无风险，故它的盈利一定等于无风险利率。因此，有

$\Delta\Pi = r\Pi\Delta t$

将式(6-5)和式(6-6)代入上式，得

$$\mu_1\sigma_2 - \mu_2\sigma_1 = r\sigma_2 - r\sigma_1 \tag{6-7}$$

令

$$\frac{\mu_1 - r}{\sigma_1} = \frac{\mu_2 - r}{\sigma_2} = \lambda \tag{6-8}$$

因而，参数 $\lambda$ 有不取决于 $f$ 的性质，实际上只受 $\theta$ 和 $t$ 的影响，所以，得

$$\mathrm{d}f = \mu f\mathrm{d}t + \sigma f\mathrm{d}z \tag{6-9}$$

令 $\lambda = \dfrac{\mu - r}{\sigma}$，即 $u - r = \lambda\sigma$，称之为 $\theta$ 风险的市场价格，它衡量了风险与收益的关系。根据伊藤引理，方程(6-9)的参数 $\mu$ 和 $\sigma$ 满足以下关系式。

$$\mu f = \frac{\partial f}{\partial t} + m\theta\frac{\partial f}{\partial \theta} + \frac{1}{2}\sigma^2\theta^2\frac{\partial^2 f}{\partial \theta^2} \tag{6-10}$$

$$\sigma f = \sigma\theta\frac{\partial f}{\partial \theta} \tag{6-11}$$

将其代入 $\mu - r = \lambda\sigma$，得到 $f$ 必须满足的微分方程是

$$\frac{\partial f}{\partial t} + \theta\frac{\partial f}{\partial \theta}(m - \lambda\sigma) + \frac{1}{2}\sigma^2\theta^2\frac{\partial^2 f}{\partial \theta^2} = rf \tag{6-12}$$

将式(6-12)与 Black-Schole 支付连续红利率的股票期权定价的微分方程相比，其结构完全相似，即当 $q = r - m + \lambda\sigma$ 时，该方程与基于支付连续红利率的股票期权定价的微分方程同解，因此得到关键技术研发成功后商业化的期权价值 $R_{11}$。

$$R_{11} = C = Se^{-(r-m+\lambda\sigma)(T-t)}N(d_1) - Xe^{-r(T-t)}N(d_2) \tag{6-13}$$

$$d_1 = \frac{\ln S - \ln X + (m - \lambda\sigma + \frac{\sigma^2}{2})(T - t)}{\sigma\sqrt{T - t}} \tag{6-14}$$

$$d_2 = d_1 - \sigma\sqrt{T - t} \tag{6-15}$$

式中：$S$ 为研发关键技术真实期权的初始价格，在财务当中体现我国国家关键技

术自主研发成功后商业化投资后所期望取得的经济收益的折现值；$X$ 为研发关键技术真实期权的执行价格，即为商业化所需投资的数额；$\sigma$ 为研发技术的波动率，现实中通常有 3 种方法来估算的大小，即行业平均$\sigma$法、蒙特卡罗模似法和类比法；$\lambda$ 为风险价格；$m$ 是标的关键技术的预期增长率。

(2) 技术自主研发成功后进行后续技术研发的增长期权价值 $R_{12}$。$R_{12}$ 是技术研发成功后进行后续技术研发的增长期权价值(例如我国开发出第三代移动通信技术标准 TDS-CDMA 后产生的后续研发第四代移动通信技术标准期权价值)，初始技术是前提，或者是两个相关技术之间的连接纽带，开启了未来增长的机会。增长期权价值是能够进行后续项目投资的价值，由于其与欧式看涨期权相似[157]，所以在本书模型中，增长期权被看做是欧式看涨期权，即在未来投资的时机被假设成未来的一个固定时点。用 B-S 期权定价公式来计算连续时间的增长期权。按以下步骤计算增长期权。

① 获取后续技术的期望现金流和投资成本。

② 获取后续技术最可能出现的时间，即什么时间及时进行后续技术的投资，这可比作金融期权的有效期。

③ 用折现率将技术的期望总现值折回到时刻 $t_0$，这可比作金融期权的标的资产的现值。

④ 将各参数输入到 B-S 公式中计算期权价值。后续技术研发的增长期权价值定价模型为

$$R_{12} = VN(d_3) - Ie^{-r\tau}N(d_4) \tag{6-16}$$

其中，

$$d_3 = \frac{\ln\left(\frac{V}{I}\right) + \left(r + \frac{1}{2}\sigma^2\right)\tau}{\sigma\sqrt{\tau}},\quad d_4 = d_3 - \sigma\sqrt{\tau} \tag{6-17}$$

式中：$N(\mu,\sigma)$ 为标准的累积正态分布函数；

$R_{12}$ 为后续开发技术增长期权的价值；

$I$ 为后续开发技术的投资成本；

$V$ 为后续开发技术期望现金流的现值；

$r$ 为无风险利率；

$\sigma$ 为后续开发技术未来现金流的标准方差；

$\tau$ 为后续开发技术机会消失前的时间长度。

(3) 自主创新成功的自主知识产权价值 $R_{13}$。在科技部研究的自主知识产权认定指南中，对自主知识产权作如下定义：自主知识产权是指中国的公民(自然人)、法人或非法人单位经过其主导的研究开发或设计创作活动而形成的、依法拥有的能够独立自主实现某种技术知识资产的所有权。下面首先介绍知识产权价值评估的常用方法，即现值收益法、成本法和现行市场法。

① 现值收益法。现值收益法是将评估对象剩余寿命期间每年(或每月)的预期收益，用适当的折现率折现，累加得出评估基准日的现值，以此估算资产价值的方法。收益法不考虑建造或取得一项新资产的成本，而是注重于考虑资产产生收益的能力。该方法经被评估资产预期获利能力与平均资金利润率(折现率)估算出资产现值，以此确定重估价值。

② 成本法。成本法可以定义为以购置相同资产的现时完全成本减其各项损耗来确定被评估资产的评估值。根据成本法评估企业知识产权价值，首先需要确定该项知识产权的成本，再扣减各种损耗和贬值。确定企业开发知识产权时所耗费的成本主要有以下两种方式：一是历史成本法；二是重置成本法。

③ 现行市场法。现行市场法是参照相同或类似资产的市场价格，评估知识产权价格的方法。

常用知识产权价值评估方法可以作为国家关键技术自主知识产权价值评估的参考方法，但这些方法存在一定缺陷。

现值收益法反映了技术商品以其使用价值决定价值的特征，考虑了资金时间价值，是最常用方法的基础。其难点是需要收集、分析各种影响技术价格的参数资料，正确预测未来收益及确定还原利率。国家关键技术自主知识产权的特殊使用价值及其独占性，使它往往给知识产权主体带来超额收益而背离其价值。该方法的应用前提是既要能投入使用或能继续投入使用产生收益，同时收益可以预测，未来收益的趋势无论是稳定、增长、下降，还是各年不同，都能明确描述。国家关键技术自主知识产权由于其包括战略价值等因素，故其价值往往并不是成本法所能反映得了的。而现行市场法以类同技术商品的现时交易价格为参数来估算技术价格，反映了市场行情，具有较好的可验证性，但类似国家关键技术交易资料的可得性、真实性和科学性，在技术市场发育不完善的情况下有一定的难度。

正是由于国家关键技术自主知识产权价值评估具有较大的不确定性和模糊性，目前的价值评估方法，即现值收益法、成本法和现行市场法在处理不确定性问题上存在问题，所以本书引入模糊综合评价法，对国家关键技术自主知识产权价值评估问题进行探讨[158]。

具体的计算包括以下步骤。

(1) 知识产权价值评估因素集的确定。考虑到我国国家关键技术的特点，指标体系设置的原则坚持系统性、有效性、科学性和可行性并且便于操作。此时，建立指标体系为

$U=\{u_1,u_2,u_3,u_4\}=\{$经济，技术，环境，战略$\}$；

$u_1=\{u_{11},u_{12},u_{13},u_{14}\}=\{$人力的成本，物力的成本，财力的支出，时间的耗费$\}$；

$u_2=\{u_{21},u_{22},u_{23}\}=\{$技术的成熟度，技术的更新周期，技术的可替代性$\}$；

$u_3=\{u_{31},u_{32},u_{33}\}=\{$法律保护状态，市场环境，国际环境$\}$；

$u_4=\{u_{41},u_{42}\}=\{$国家安全等战略性，对其它产业拉动的外部效应$\}$。

(2) 建立评价集。把对某一事物的评价结果分为若干等级，将其称为评价集，记为$V$。在此处知识产权价值评估中，可以认为对评估的初值的评价集为

$V=\{v_1,v_2,\cdots,v_5\}=\{$太低，较低，合理，较高，太高$\}$。

(3) 进行单因素模糊评价。单独从某一种因素出发进行评价，以确定评价对象

对评价集$V$的隶属程度，称为单因素模糊评价，设取因素集$U$中第$i$个因素$u_i$进行评价，对评价集$V$中第$j$个因素$v_j$的隶属度为$r_{ij}$，则对$u_i$的单因素评价可得到模糊集$R_i=\{R_{i1},R_{i2},\cdots,R_{in}\}$，对所有单因素都分别进行评价后，即可得到以下矩阵。

$$R=[R_1,R_2,\cdots,R_n]^{\mathrm{T}}$$

(4) 确定权重分配，进行综合评价。为了反映各因素的重要程度，对每个因素$u_i$应赋予一定的权重，建立起对应于$U$的权重集$A$。

$A=\{a_1,a_2,\cdots,a_m\}$，并规定$\sum_{\mathrm{i}=1}^{\mathrm{m}}\alpha_{\mathrm{i}}=1$，得出$R$与$A$之后，则模糊综合评价为

$B=AR=\{b_1,b_2,\cdots,b_m\}$

根据模糊数学中最大隶属度原则，给出评语和结论。

(5) 对初评值纠偏。对评价结果用加权平均法进行处理，以$b_j$为权重，对专家评语权重$w_j$(即$m$个评语的权重集，评语权重集的主要作用是为了给专家的评语付以适当的权值，从而保证纠偏系数的纠偏方向)进行加权，可以得到纠偏系数$P$为

$$P=\sum_{j=1}^{m}b_jw_j\Big/\sum_{j=1}^{m}b_j \tag{6-18}$$

设$E$为自主知识产权的初评值，其乘以纠偏系数，就得到纠偏后的价值$E^*$，即$E^*=E\times P$。通过以上处理，就可以得到更加合理的自主知识产权价值，即自主创新成功的自主知识产权价值为

$$R_{13}=E\times P$$

式中：$E$为应用传统评估方法得到的自主知识产权的初评值；$P$为应用模糊综合评价法得到的纠偏系数。

2) 带动其他产业的辐射价值$R_2$

由于研发的国家关键技术具有通用性、基础性等特点，因此一般具有较大的外部效应——带动其他相关产业的价值，在此假设这个产业辐射价值是以其自身经济效益价值为基础，进行放大和辐射的价值。根据外部效应理论，带动其他产业的辐射价值可以表示为

带动其他产业的辐射价值=带动价值系数×自身的经济效益价值

带动其他产业的辐射价值为 $R_2$，记带动价值系数为 $\beta_1$，自身的经济效益价值为前文讨论过的 $R_1$，得出

$$R_2 = \beta_1 \times R_1$$

带动价值系数 $\beta_1$ 根据不同的国家关键技术而不同，可以征求所在领域的专家讨论得出。

3) 国家战略价值 $R_3$

国家关键技术通常有增加国防、国家综合国力等重大战略价值，这里称战略价值 $R_3$。例如，大飞机研制项目一直是衡量一国综合国力的重要指标，在国民经济中占有特殊位置，对于一国的国防安全同样具有重要作用。美国等发达国家无不倾注大量资源用于对大飞机项目的研发，并大力推动本国航空产业的快速发展。

为了计算战略价值 $R_3$，同前文的带动价值 $R_3$ 一样，设

战略价值=战略价值系数×自身的经济效益价值

战略价值系数为 $\beta_2$，同样可以征求所在领域的专家讨论得出。

得出

$$R_3 = \beta_2 \times R_1$$

需要说明的是，国家战略价值与上面的带动其他产业的辐射价值，在通常情况是与该技术自身的经济效益价值相关，可以应用外部效应理论及乘数原理认为是技术自身经济效益价值的一个倍数。但也有部分情况，国家战略价值和带动其他产业的辐射价值与技术的自身的经济效益价值相关不大，尤其是国家战略价值，有的技术可能本身的经济效益价值不大，市场需求不大，但其国家战略价值却很大，这种情况下可以采取两种办法进行近似处理：一是对乘数系数 $\beta$ 进行调整；二是直接采用专家法进行预测给出战略价值。

### 6.2.4 国家关键技术合作创新投资价值模型

随着外部环境日益复杂、竞争日益激烈，合作创新不仅是当前一个国家或企业降低风险和缩减成本的重要战略，更是其获取外部知识和能力的重要途径[159]。自 20 世纪末以来，在国外，国家和企业合作创新呈现了迅猛的发展势头[160]。合作创新的目标是多个组织(国家或企业等)共同创造新的技术，要求组织间能够进行有效的知识交流与知识共享，合作组织以彼此的能力和知识作为杠杆来增强合作创新的竞争力和生命力。其实合作创新兴起的内在原因与技术创新资源密不可分[161-162]，技术创新活动作为一种经济行为，必然会受到需求和供给两方面的制约，尤其是资源供给制约。倘若技术创新资源无法保证技术创新活动的开展，就形成了所谓的技术创新资源瓶颈。

发达国家与发展中国家相比，拥有更多的创新资源，因此其创新可能边界包含范围更大，创新活动成功可能性也更大。相比之下，发展中国家国内创新环境更为恶劣，对创新活动开展不利。但假如把技术创新活动放在开放的经济环境下，在单独一个市场资源难以满足技术创新需求的情况下，可以寻求在新的市场拓展，通过这种方式(事实上是一种国际联合技术创新活动)来解决技术创新瓶颈问题。发展中国家可以联合其他国家进行合作创新，从而达到多个国家的创新资源共享，因此其受资源限制的创新可能边界大大地向外拓展，并具有一定的弹性。国家关键技术也是一样，例如，美国虽然是世界科技头号强国，但是对国家关键技术仍然进行全面国际科技合作；韩国和日本的国家关键技术合作创新更是作为科技政策的一项重要内容。

合作创新可分为实体式技术合作和非实体式技术合作，具体包括研发竞争技术共享联盟、研发协调、研究联合体等。研究联合体是完全义上的合作创新[163-166]，在研发阶段，合作主体间共同参与研究开发项目，协调成本投入，在研究时充分交换意见，使技术溢出外在效应完全内化，并且最终共享研究成果。采用研究联合体进行合作研发投资，是所有合作方式中最优的选择。因此，本书讨论的我国国家关键技术的合作创新，就是采用研究联合的方式与其他国家进行联合合作开发的合作创新模式，通过优势互补来实现关键技术的发展。

1. 国家关键技术合作创新伙伴选择研究

当自身的资源无法满足发展需求时，越来越多的企业开始考虑与外部其他企业或组织进行合作，以战略联盟的方式增强自身的创新能力与创新速度并降低创新成本和创新风险。在过去的几十年间，虽然企业技术联盟的数量得到了空前增长，但是联盟的失败率却高达 40%～70%。例如，索爱公司被索尼公司收购，就是因为决策效率不高，不能适应激烈的市场竞争，不适当的伙伴选择是其中最为重要的原因之一[167-170]。

企业的合作创新对于我国国家关键技术合作创新投资具有很强的借鉴意义。当我国国家关键技术自身发展遇到资源、技术等方面的困难，而在国际上又能找到同时需要研发此项技术，却拥有我国不具有的优势时，与他们进行合作创新，实现优势互补、资源共享是一个不错的选择。但如同企业合作联盟一样，如果选择的伙伴不适当的话，造成的失败率会非常高，或者需要投入的交易成本非常高。因此，需要探讨一下我国国家关键技术合作创新投资伙伴选择问题。经过近年来的研究，很多学者将合作伙伴的选择标准总结为 3C 原则，即兼容性(Compatibility)、能力(Capability)和投入(Commitment)[171-172]。本书综合前人的研究，同时考虑到我国国家关键技术的特性，认为国家关键技术合作创新伙伴的选择可以考虑的因素和指标见表 6-2[173-176]。

表 6-2 国家关键技术合作创新伙伴选择影响因素及其测度变量表

| 影响因素 | 因素测度变量 |
|---|---|
| 与合作伙伴之间的相容性水平 | 具有共同的技术研发目标<br>有长期合作的可能性<br>国家政局的稳定<br>相容的经营理念、文化<br>兼容的管理团队 |
| 合作伙伴的技术实力 | 技术创新能力和技术改良能力<br>技术的互补性<br>技术支持能力 |
| 合作伙伴(除技术以外)的资源水平 | 财务状况<br>资源状况<br>人员素质<br>研究设备<br>管理水平<br>研究队伍规模 |
| 与合作伙伴之间的信任沟通程度 | 过去的合作情况<br>国家的声誉<br>合作方的了解程度<br>对方合作条件合理并在可接受的范围内 |
| 合作伙伴的知识产权情况 | 合作方拥有的知识产权的质与量<br>合作中产生知识产权的分配问题<br>合作中的知识产权冲突问题<br>合作双方知识产权标准的一致性 |

合作伙伴的选择对于我国国家关键技术合作创新有非常重大的意义，直接影响到后面合作创新投资价值模型中的交易成本费用、创新成功概率等。

2. 国家关键技术合作创新风险与交易成本分析

由于国家关键技术合作创新要求成员之间分享具有敏感性的、关系到国家战略价值的知识和信息，同时合作成员间充斥着竞争与合作的共存状态，所以尽管合作创新的本意在于创新资源互补、减少创新风险，但是在合作过程中，知识共享使得合作组织将自身关键技术和知识暴露给其他合作伙伴，不免产生冲突和风险。具体来说，国家关键技术合作创新风险主要包括知识产权风险、竞争风险、组织风险、技术风险、合作风险、财务风险等。

同时，合作创新具有交易成本。所谓交易成本，是指交易双方用于寻找交易对象、签约及履约等方面的一种资源支出，包括金钱、时间、精力的支出等。作为一种特殊经济行为，交易成本是合作创新与自主创新的一大区别。国家关键技术合作创新交易成本主要包括以下几个方面[177]。

1) 沟通成本

为了利用外部资源完成我国国家关键技术的创新计划，我国必须寻找合适的合作伙伴。不同国家具有不同的能力和优势，而我国对潜在合作伙伴的能力往往并不了解，因此需要花费大量的时间、精力与它们进行交流、沟通。只有那些技术研究方向相投，在资源和能力上具有一定互补性的组织才可能达成合作意向。同时，沟通的成功与否还会受许多因素的影响，如价值观和文化背景的差异、与采取技术出口限制的技术强国之间的关系和态度等。

2) 谈判签约成本

合作协议的达成需要经历合作各方讨价还价的过程，我国和合作伙伴国家从各自的利益出发，需要通过谈判得到一个令各方都满意的结果，这一过程常常是艰难而费时费力的。国家关键技术创新充满了不确定性，而合作又是一个涉及多主体的重复交易过程，很难达到一个均衡状态，为了保障未来合作的平稳发展，抑制可能出现的机会主义行为，必须预先制定道德风险防范措施，在契约中明确界定合作各方的责任义务，这也增加了交易成本。

3) 履约成本

履约成本包括合作创新过程中涉及的各种成本，包括监督成本、契约修订成本和信息交流成本。为了减少合作伙伴的机会主义行为，我国和合作伙伴国必须花费额外的精力监督对方是否按照约定投入了足够的资源和努力；当外界环境变化时，原先制定的契约可能需要进行相应调整，不得不花费大量精力重新谈判协商，继续一个讨价还价的过程；联盟中不同国家之间的信息交流效率直接影响到合作效率，由于不同的价值观和文化观，故这种信息交流不可能像在本国内部那样流畅有序，促进信息交流渠道的通畅需要投入额外的成本。

4) 合作失败的风险成本

合作创新的复杂性使合作主体面临巨大的风险成本。来自 McKinsey 的一项研究表明，70%的合作联盟由于未能达到它们最初所期望的目标而解散。一旦合作失败，许多专用性资产投资以及在此之前为合作而做的各项努力都将付诸东流。

### 3. 合作创新投资价值模型的建立

本书考虑两个国家采用研究联合体合作创新，且二者在同一个触发点投资(联合投资)的情形。

假设每个国家单独投资后技术成果按照参数为 $h$ 的泊松分布随机出现，且记两个国家分别 $h_1$ 和 $h_2$；为不失一般性，假设合作创新投资时每个国家的投资是相同的，都为 $(K+K')$（$K$ 为投入的研发成本；$K'$ 为投入的合作开发交易成本)，那么合作创新总投资为 $2(K+K')$，则本书建立的两个国家合作创新投资规律模型由式(6-19)随机最优停止问题的解决而得到[178-180]。

$$V=\max_{T} E_t\left[e^{-rT}\left(\int_T^{\infty} e^{-(r+h_1+h_2)t}(h_1+h_2)\pi_t \mathrm{d}t-2(K+K')\right)\right] \tag{6-19}$$

式(6-19)主要是考虑到了我国国家关键技术特性因素，具体表现在合作开发交易成本 $K'$，国家关键技术合作创新成功后该技术的总价值 $\pi$ (一般技术代表的是专利的价值)以及创新成功概率 $h_1+h_2$。

这里，$E_t$ 表示在 $t$ 时根据所得信息而得到的期望值，而 $T$ 表示未来投资时未知的停止时间。$\pi$ 的价值函数 $V(\pi)$ 有两个部分，$V_0(\pi)$、$V_1(\pi)$ 分别表示合作创新投资前与投资后的价值函数。在一般的企业合作投资时指的是专利的价值，在这里

指国家关键技术合作创新成功后该技术的总价值，由一个带漂移的几何布朗运动来表示为

$$\mathrm{d}\pi_t = \mu\pi_t\mathrm{d}t + \sigma\pi_t\mathrm{d}z \tag{6-20}$$

式中：$\mu$ 是漂移系数，测度 $\pi$ 的期望增长率；$r$ 是无风险利率，假设是常数；$\sigma > 0$ 是瞬时标准方差，dz 是一个标准维纳过程的增量。

下面的具体计算和讨论过程，与很多学者讨论的相近，在此引用和借鉴他们的计算过程。

投资前，两个国家合作投资掌握有投资的选择权。它没有现金流，但根据期权的价值将有得失。因此，在连续区($\pi$ 的值不再是最优的投资)，投资机会价值 $\pi$ 的贝尔曼方程给出如式(6-21)所示。

$$rV_0dt = E(\mathrm{d}V_0) \tag{6-21}$$

由伊藤引理可得

$$\mathrm{d}V_0 = V_0'(\pi)\mathrm{d}\pi + \frac{1}{2}V_0''(\pi)(\mathrm{d}\pi)^2 \tag{6-22}$$

将方程(6-20)代入并注意 $E(\mathrm{d}z) = 0$，可得

$$E(\mathrm{d}V_0) = \mu\pi V_0'(\pi)\mathrm{d}t + \frac{1}{2}\sigma^2\pi^2V_0''(\pi)\mathrm{d}t \tag{6-23}$$

贝尔曼方程变成以下的二阶微分方程。

$$\mu\pi V_0'(\pi) + \frac{1}{2}\sigma^2\pi^2V_0''(\pi) - rV_0 = 0 \tag{6-24}$$

从方程(6-20)可以看到，如果 $\pi$ 趋向于零，它将永远停留在那儿。因此，当 $\pi = 0$ 时，投资期权没有价值，即 $V_0(\pi)$ 必须满足以下边界条件。

$$V_0(0) = 0 \tag{6-25}$$

根据边界条件式(6-25)，解微分方程(6-24)，得以下投资期权价值。

$$V_0(\pi) = B_0\pi^{\beta_0} \tag{6-26}$$

$B_0$ 是一个大于 0 的常数，$B_0$ 是以下方程的正根。

$$\varepsilon^2-\left(1-\frac{2\mu}{\sigma^2}\right)\varepsilon-\frac{2r}{\sigma^2}=0 \tag{6-27}$$

即

$$\beta_0=\frac{1}{2}\left\{1-\frac{2\mu}{\sigma^2}+\sqrt{\left(1-\frac{2\mu}{\sigma^2}\right)^2+\frac{8+r}{\sigma^2}}\right\} \tag{6-28}$$

下面考虑在停止区的价值($\pi$ 的值是立即投资的最优值)。因为投资是不可逆的，所以在停止区的价值 $V_1(\pi)$ 由期望值给出，而没有期权价值项。因为成功是以泊松分布随机发生，故国家在 0 时投资而在 $t$ 时仍活跃的概率 (也就是在 $t$ 时还没有得到成功的概率)由 $e^{-(h_1+h_2)t}$ 给出。这样，当随机过程的现值是 $\pi_t$ 时，运行项目的期望值为

$$V_1(\pi_t)=E\left(\int_t^{\infty}e^{-(r+h_1+h_2)t}(h_1+h_2)\pi_t\mathrm{d}t\right) \tag{6-29}$$

因为 $\pi$ 期望以 $\mu$ 增长，式(6-29)可写成

$$V_1(\pi)=\int_0^{\infty}e^{-(r+h_1+h_2)t}(h_1+h_2)\pi_t e^{\mu r}\mathrm{d}t \tag{6-30}$$

可得到

$$V_1(\pi)=\frac{(h_1+h_2)\pi}{r+(h_1+h_2)-\mu} \tag{6-31}$$

在连续区，得到 Bellman 方程为

$$\mu\pi V_0'(\pi)+\frac{1}{2}\sigma^2\pi^2V_0''(\pi)-rV_0=0 \tag{6-32}$$

等待的价值超过立即投资所得价值的不等式为

$$V_0(\pi)\geqslant V_1(\pi)-2(K+K') \tag{6-33}$$

在停止区有以下不等式。

$$\mu\pi V_0'(\pi)+\frac{1}{2}\sigma^2\pi^2V_0''(\pi)-rV_0\leqslant 0 \tag{6-34}$$

价值匹配条件为

$$V_0(\pi)=V_1(\pi)-2(K+K') \tag{6-35}$$

最优投资规律在连续区与停止区的边界。边界条件由一临界值或触发点$\pi^*$表示。这样，当$\pi \leqslant \pi^*$时，连续延迟投资是最优的；而当$\pi \geqslant \pi^*$时，立即投资是最优的。最优停止时间被定义为随机过程$\pi$首次击中区域$[\pi^*,\infty)$的时间。临界值$\pi^*$必须满足价值匹配条件式(6-35)。最优化需要第二个条件，即平稳过渡条件，它要求$V_0(\pi)$和$V_1(\pi)$ 的一阶导数在$\pi^*$处相等，即

$$V_0'(\pi*) = V_1'(\pi*) \tag{6-36}$$

代入价值函数式(6-26)和式(6-31)，两个国家合作创新的最优投资问题的价值匹配与平稳过渡条件可以写成

$$B_0(\pi^*)^{\beta_0} = \frac{(h_1+h_2)\pi^*}{r+(h_1+h_2)-\mu} - 2(K+K') \tag{6-37}$$

$$\beta_0 B_0(\pi^*)^{\beta_0-1} = \frac{h_1+h_2}{r+(h_1+h_2)-\mu} \tag{6-38}$$

临界值$\pi^*$和未知系数$B_0$由这些条件唯一确定。由$\pi_{\mathrm{c}}$代表合作创新投资单一触发点，可以获得以下表达式。

$$\pi_{\mathrm{c}} = 2\frac{\beta_0}{\beta_0-1}\frac{r+(h_1+h_2)-\mu}{h_1+h_2}(K+K') \tag{6-39}$$

和

$$B_0 = \frac{(h_1+h_2)(\pi^*)^{(1-\beta_0)}}{(r+h_1+h_2-\mu)\beta_0} \tag{6-40}$$

这样合作创新的最优停止时间可以定义成

$$T_\mu = \inf\{t \geqslant 0 : \pi \geqslant \pi_{\mathrm{c}}\} \tag{6-41}$$

通过上面的推导可以得出，当两个国家合作创新投资，总投资成本为$2(K+K')$($K$为投入的研发成本；$K'$为投入的合作开发交易成本)，成功的概率为$h_1+h_2$($h_1$，$h_2$分别代表国家 A 和国家 B 独立投资研发的成功概率)时，最优联合投资的触发点$\pi_{\mathrm{c}}$为

$$\pi_{\mathrm{c}} = 2\frac{\beta_0}{\beta_0-1}\frac{r+(h_1+h_2)-\mu}{h_1+h_2}(K+K') \tag{6-42}$$

联合投资价值为

$$V(\pi)=V_1(\pi)=\frac{(h_1+h_2)\pi}{r+(h_1+h_2)-\mu} \tag{6-43}$$

这样，单个国家在这种情况下的投资价值由以下价值函数表示(由于两个国家投资相同，所以假设两个国家对联合投资价值进行平均分摊)[182]。

$$PV_{合作创新}=\begin{cases} B_c\pi^{\beta_0}, & \pi<\pi_c \\ \frac{1}{2}V(\pi)-K-K', & \pi>\pi_c \end{cases} \tag{6-44}$$

其中：

$$B_c=\frac{(h_1+h_2)\pi_c^{(1-\beta_0)}}{(r+h_1+h_2-\mu)\beta_0} \tag{6-45}$$

式中：$K$ 为一国投入的研发成本；

$K'$ 为一国投入的合作开发交易成本，包括前面讲过的沟通成本、谈判签约成本、履约成本等。

由于国家关键技术特性，合适的合作伙伴非常难找，这部分交易成本也会非常巨大，往往比实际投入的研发成本要高很多。

$\pi$ 在这里指国家关键技术合作研发成功后该技术带来的总价值，可定义为

$$\pi=\beta_3 R=\beta_3(R_1+R_2+R_3) \qquad (0\leqslant\beta_3\leqslant 1) \tag{6-46}$$

国家关键技术合作研发成功后该技术给合作双方国家的经济、战略、产业辐射等方面带来巨大的价值。但通过研究并结合专家调查的结果认为，它带来的价值小于采取自主创新模式成功后所带来的价值。这是因为合作创新模式技术创新成功后，对国家的技术发展能力、人才培养、国家安全、综合国力、国家竞争力等国家战略方面带来的巨大影响不及自主创新模式。

### 6.2.5 国家关键技术模仿创新投资价值模型

虽然考虑到国家关键技术特性因素，技术自主创新可能应该是我国国家关键

技术的主要创新模式，但模仿创新同样是不可忽略的选择模式，国际上包括日本、韩国、美国等都有成功案例。

模仿创新模式一般包括以下路径。

(1) 选择模仿创新对象。技术落后一方进行模仿创新，主要的是选准模仿创新的对象。

(2) 选择模仿创新方式。一般而言，模仿创新方式主要有3种：引进模仿创新、反求模仿创新和专利模仿创新。

(3) 实施模仿创新开发。

1. 直接引进最新的成熟技术

1) 成本模型

$$C_{技术引进} = \min\{P_i + T_i\} + X + V_C \tag{6-47}$$

式中：$C_{技术引进}$ 为某技术(或产品)的引进成本；

$P_i$ 为第 $i$ 个国家该技术的引进价格，它与该技术的实际成本、尤其是出口限制因素相关(即技术转让国研发该技术的成本越高，引进价格越高；出口限制程度越强，突破贸易和限制壁垒的额外费用也就越高，从而引进价格也就越高)；

$T_i$ 为第 $i$ 个国家该技术(或产品)在国际市场的正常贸易转让的手续费、运输费等其他费用；

$X$ 为引进技术的消化吸收费用；

$V_C$ 为资金的时间价值、机会成本。

2) 效益模型

技术引进的效益与自主创新的价值相比，缺少了其中自身经济效益中的自主知识产权价值和迫使技术强国放宽技术出口限制带来的价值，但自身经济效益价值中其他部分、带动其他产业的辐射价值和国家战略价值同样具有，只是比自主创新带来的价值低而已。

$$V_{技术引进}=自身经济效益+带动其他产业的辐射价值+国家战略价值$$
$$=\beta_4[R_{11}+R_{12}+R_2+R_3]$$
$$=\beta_4[R_{11}+R_{12}+(\beta_1+\beta_2)R_1] \quad (0\leqslant\beta_4\leqslant1) \tag{6-48}$$

$\beta_1$、$\beta_2$和$\beta_4$可以通过专家法获得。

3) 直接引进最新的成熟技术价值模型

$$PV_{直接引进成熟技术}=V_{技术引进}-C_{技术引进} \tag{6-49}$$

### 2. 引进过渡技术进行模仿创新

在一个国家的发展中，技术创新起着极其重要的作用。对于技术上落后的国家，在市场竞争中获得竞争优势的一个重要途径就是采用模仿创新战略。第一代引进，第二代创新，从而在其所处的产业中确立领先地位。日本、韩国就是通过模仿创新获得竞争优势的典型，它们就是通过引进发达国家的新技术并在此基础上进行技术创新，开发出更先进的产品和工艺，从而在世界范围内确立了自己的竞争优势。实证研究表明，模仿创新要想成功，国家除了要选择有市场前景的技术外，还必须选择模仿创新投资的时机，以使其投资决策最优。

现代国家进行投资的环境的一个重要特征就是不确定性的增加，并且资产的专用性使得投资具有不可逆性。因此，国家在进行模仿创新投资决策时，应考虑决策的柔性，选择最有利的投资时机。在这种情形下，国家的模仿创新投资决策就是不确定性环境下的不可逆投资决策，传统的 NPV 决策方法没有考虑到不确定性环境下投资决策的不可逆性，因而不再适用于不确定性下的投资决策。按照 Dixit 和 Pindyck(1994)、Trigeorgis(1996)的观点，国家的技术模仿及随后的创新投资机会可以看做是国家所持有的实物期权(Real Option)，并且创新投资期权嵌入在技术模仿期权中，即国家的模仿创新投资机会是一个复合(嵌入)期权。因而，可用复合期权定价方法来进行国家关键技术项目评价与投资决策。

在垄断条件下，本节考虑某个国家拥有模仿技术强国现有新技术的投资机会。

在这一投资机会中，由于技术强国对某个国家进行最新技术出口限制，因此，这个国家很难直接从技术强国手中引进最新技术。但这个国家为了达到模仿技术强国现有最新技术，可以采取曲线救国，即引进几乎不受限制的最新技术的次级技术，然后在次级技术基础上实行模仿和二次创新，以达到最新技术的目的。由此可以看出，国家拥有通过技术创新对现有次级技术进行升级换代的可能，并且创新取得成功的时间是随机的。本节应用实物期权和期权博弈的方法找到最优的投资时机及投资的阈值以及模仿创新价值。

在风险中性(Risk Neutral)、资本市场无摩擦(Frictionless)假设下，投资者可以按固定的无风险利率无限量地借贷，无风险利率记为 $r$ 。

假定我国引进某一中间次级过渡技术，引进成本为 $I_0$。在 $t=0$ 时拥有引进的次级技术模仿某一新技术的投资机会，国家可选择投资的时机 $T_1$，在 $t=T_1$ 时支出投资成本 $I_1$，立即形成新的生产能力。$I_1$ 中包含对模仿技术进行创新的投资成本。假定技术带来的收入为 $\theta$，需要支出的成本为 $C$。在风险中性概率测度下，$\theta$ 服从几何布朗运动，即

$$\mathrm{d}\theta_t = \alpha\theta\mathrm{d}t + \sigma\theta\mathrm{d}z \tag{6-50}$$

式中：$\alpha$ 和 $\sigma$ 为 $\theta$ 的瞬时变化率及瞬时波动率，$\alpha < r$ (否则收入将趋于无穷大)；$\mathrm{d}z$ 是一个标准维纳过程的增量。

假定投资于现有技术后，国家创新取得成功的时刻为 $t=T_2$。创新成功前 $t$ 时刻技术的利润流为 $\pi_1(t)=\theta_t - C$，$T_1<t<T_2$。创新成功后，国家支出投资成本 $I_2$ 立即实现技术的升级换代，技术升级换代后，为了计算方便，假定技术带来的收入不变，仍为 $\theta_t$，但技术产生相同收入时需要支付的成本降为 $\xi C$，$0<\xi<1$。技术升级换代后，技术的现金流为 $\pi_2(t)=\theta_t - \xi C$，$t \geqslant T_2$。

需要说明的是，这里的支出成本 $C$ 没有实际的现实意义，完全是由于计算和分析方便而引入的虚拟变量，技术升级换代后，技术项目的现金流 $\pi_2(t)=\theta_t - \xi C$，与 6.2.4 节中 $\pi$ 值类似，定义为

$$\pi_2(t)=\theta_t-\xi C=\beta_5(R_1+R_2+R_3)\quad (0\leqslant\beta\leqslant 1) \tag{6-51}$$

也就是说，当我国国家关键技术通过模仿创新成功后，该技术给我国带来的总价值为该技术我国自主创新成功带来价值的一部分。这是因为即使模仿创新成功，对后续技术研发、对国家的技术发展能力、人才培养、国家安全、综合国力、国家竞争力等国家战略方面带来的影响也远不及自主创新模式，对国外技术同样有较强的依赖性。

国家模仿创新投资决策规则是选择技术引进模仿的收益临界值$\theta^*$。若$\theta_t<\theta^*$则等待，持有技术引进的期权；若$\theta_t\geqslant\theta^*$则立即执行技术引进期权。因此，技术引进的时间是随机的。假定技术引进后，创新是否成功服从跳跃强度为$\lambda$的泊松过程，即创新成功所需时间$\tau=T_2-T_1$是随机的，它服从指数分布。可以看到，创新取得成功的平均时间为$1/\lambda$，因此参数$\lambda$刻画了技术创新的速度。$\lambda$越大则技术创新的速度越快，反之技术创新的速度越慢。

首先分析国家在技术引进后进行投资时($T_1$)持有的技术创新期权的价值$V(\theta^*,\lambda)$，它是技术引进后未来利润流的现值，即

$$V(\theta^*,\lambda)=E_{T_1}\left[\int_{T_1}^{T_2}\pi_1(t)e^{-r(t-T)}\mathrm{d}t+\int_{T_2}^{\infty}\pi_2(t)e^{-r(s+T_2-T_1)}\mathrm{d}s-I_2e^{-r(T_2-T_1)}\right] \tag{6-52}$$

其中，$E_t[\cdot]$是基于$t$时信息集的条件期望。上式中右边第一项记为$V_1$，它是技术创新成功前引进的次级技术的利润流的现值；第二项是创新成功后通过技术的升级换代而产生的利润流的现值，记为$V_2$；第三项是创新成功后技术升级换代的成本的现值，记为$V_3$。$V_1$，$V_2$，$V_3$计算分别如下(以下讨论和计算过程引用和借鉴了参考文献[182]中的相关内容)。

$$\begin{aligned}V_1&=E_{T_1}\left[\int_{T_1}^{T_2}\pi_1(t)e^{-r(t-T)}\mathrm{d}t\right]=E_{T_1}\left[\int_0^{T_2-T_1}(\theta_t-c)e^{-rt}\mathrm{d}t\right]\\&=\int_0^{\infty}(\theta^*e^{\alpha t}-c)e^{-(r+\lambda)t}\mathrm{d}t=\frac{\theta^*}{r+\lambda-\alpha}-\frac{c}{r+\lambda}\end{aligned} \tag{6-53}$$

$$
\begin{aligned}
V_2 &= E_{T_1}\left[\int_{T_2}^{\infty}\pi_2(t)e^{-r(s+T_2-T_1)}\mathrm{d}s\right] = E_{T_1}\left[\int_{T_1}^{\infty}(\theta_{T_2+s}-\xi c)e^{-r(s+T_2-T_1)}\mathrm{d}s\right] \\
&= \int_0^{\infty}(\theta^* e^{\alpha s}-\xi c)e^{-rs}\mathrm{d}s - \int_0^{\infty}(\theta^* e^{\alpha s}-\xi c)e^{-(r+\lambda)s}\mathrm{d}s \\
&= \frac{\theta^*}{r-\alpha}+\frac{\xi c}{r+\lambda}-\left(\frac{\xi c}{r}+\frac{\theta^*}{r+\lambda-\alpha}\right)
\end{aligned}
\tag{6-54}
$$

$$
V_3 = E_{T_1}[I_2 e^{-r(T_2-T_1)}] = I_2\int_0^{\infty}e^{-rt}\lambda e^{-\lambda t}\mathrm{d}t = \frac{I_2\lambda}{r+\lambda} \tag{6-55}
$$

因此，技术创新的价值为

$$
V(\theta^*,\lambda) = \frac{\theta^*}{r-\alpha}-\frac{\xi c}{r}-\frac{I_2\lambda+(1-\xi)c}{r+\lambda} \tag{6-56}
$$

记引进中间过渡技术模仿创新的价值为$F(\theta)$，利用伊藤引理，$F(\theta)$的瞬时变化为

$$
\mathrm{d}F = \left(\frac{1}{2}\sigma^2\theta^2F'' + \alpha\theta F'\right)\mathrm{d}t + \sigma\theta F'\mathrm{d}z \tag{6-57}
$$

资本市场均衡(无套利)的条件是

$$
E[\mathrm{d}F] = rF\mathrm{d}t \tag{6-58}
$$

由式(6-57)、式(6-58)可得$F(\theta)$满足的 Bellman 微分方程为

$$
\frac{1}{2}\sigma^2\theta^2F'' + \sigma\theta F' - rF = 0 \tag{6-59}
$$

这一微分方程的边界条件是

$$
F(\theta^*) = V(\theta^*,\lambda) - I_1 \tag{6-60}
$$

$$
F'(\theta^*) = V'(\theta^*,\lambda) \tag{6-61}
$$

$$
F(0) = 0 \tag{6-62}
$$

边界条件式(6-60)称为价值匹配条件(Value−Matching)，当$\theta_t$达到临界值$\theta^*$时，国家执行技术引进期权；边界条件式(6-61)称为光滑接触条件(Smooth-Pasting)，这一条件说明在$\theta_t$达到临界值$\theta^*$时执行期权是最优的；边界条件式(6-62)说明如果$\theta_t$趋近于 0，期权价值为 0，这也保证了微分方程的解具有经济意义。

方程(6-59)的解的一般形式是

$$
F(\theta) = A\theta^{x_1} + B\theta^{x_2}
$$

其中，$x_1, x_2$ 是二次方程(6-63)的根。

$$\frac{1}{2}\sigma^2 x(x-1)+\alpha x-r=0 \tag{6-63}$$

解此二次方程得

$$x_1=\frac{1}{2}-\frac{\alpha}{\sigma^2}+\sqrt{\left(\frac{r}{\sigma^2}-\frac{1}{2}\right)^2+\frac{2r}{\sigma^2}}$$

$$x_2=\frac{1}{2}-\frac{\alpha}{\sigma^2}-\sqrt{\left(\frac{r}{\sigma^2}-\frac{1}{2}\right)^2+\frac{2r}{\sigma^2}}$$

当 $\theta_t$ 趋近于 0 时，由边界条件式(6-60)可知 $B=0$。因此，微分方程(6-59)解的形式为 $F(\theta)=A\theta^{x_1}$。利用边界条件式(6-60)、式(6-61)可以得到 $A$、$\theta^*$、$F(\theta)$（$PV_{引进中间过渡技术模仿创新}$）的解析值如下。

$$\theta^*=\frac{x_1(r-\alpha)}{x_1-1}\left[\frac{I_2\lambda+(1-\xi)C}{r+\lambda}+\frac{\xi C}{r}+I_1\right] \tag{6-64}$$

$$A=\frac{(\theta^*)^{1-x_1}}{x_1(r-\alpha)} \tag{6-65}$$

$$PV_{引进中间过渡技术模仿创新}=\begin{cases}\dfrac{1}{x_1-1}\left[\dfrac{I_2\lambda+(1-\xi)C}{r+\lambda}+\dfrac{\xi C}{r}+I_1\right]\left(\dfrac{\theta}{\theta^*}\right)^{x_1}-I_0, & \theta<\theta^* \\ \dfrac{\theta}{r-\alpha}-\dfrac{\xi C}{r}-\dfrac{I_2\lambda+(1-\xi)C}{r+\lambda}-I_1-I_0, & \theta\geqslant\theta^*\end{cases} \tag{6-66}$$

式中：$I_0$ 为过渡模仿技术的引进成本；

$I_1$ 为对过渡模仿技术进行创新的投资成本；

$I_2$ 为过渡模仿技术创新成功国家支出的技术升级换代成本；

$\lambda$ 为技术创新的速度，泊松参数；

$r$ 为无风险利率；

$\xi$ 为参数，$0<\xi<1$，反映技术创新成功技术产生同等收入时，成本降低程度；

$C$ 为虚拟变量，技术成本；

$\theta$ 为期望的技术收入；

$\pi_2(t)=\theta_t-\xi c$ 为技术升级换代后，技术项目的现金流；

$\alpha$ 为 $\theta$ 的瞬时变化率。

从上面的分析可以看到，技术模仿与引进的最优时机 $T_1=\inf\left\{t:\theta\geqslant\theta^*\right\}$，即期望的技术收入达到阀值 $\theta^*$ 的首次达到时间。最优的投资规律如下：当 $\theta_t<\theta^*$ 时，等待，直到 $\theta_t$ 首次达到 $\theta^*$ 时，则立即执行模仿创新投资期权。

### 6.2.6 国家关键技术创新模式选择模型

根据前面讨论的技术自主创新、合作创新、模仿创新 3 种模式的技术投资价值模型，建立如下的我国国家关键技术基于投资收益的创新模式选择模型。

$$S=Max(PV_{自主创新},\ PV_{合作创新},\ PV_{模仿创新}) \tag{6-67}$$

$$PV_{模仿创新}=Max(PV_{直接引进成熟技术},\ PV_{引进过渡技术模仿创新}) \tag{6-68}$$

由式(6-67)和式(6-68)可得到基于投资价值的我国关键技术创新模式选择模型为

$$S=\max[PV_{自主创新},\ PV_{合作创新},\ \max(PV_{直接引进成熟技术},\ PV_{引进中间过渡技术模仿创新})] \tag{6-69}$$

式中：$PV_{自主创新}$ 为技术自主创新总价值；$PV_{合作创新}$ 为技术合作创新总价值；$PV_{模仿创新}$ 为技术模仿创新总价值；$PV_{直接引进成熟技术}$ 为直接引进成熟技术模仿创新总价值；$PV_{引进过渡技术模仿创新}$ 为引进过渡技术模仿创新总价值。

该创新模式选择模型的依据是国家关键技术的创新价值，但没有考虑时间的节省、投资的约束等情况，而且研究的对象是针对其中的单一技术，而没有研究基于国家关键技术群，因此存在一定的局限性。更全面的选择模型将在以后的工作中进一步地研究和探讨。

# 第 7 章　结论与展望

## 7.1　研究结论

(1) 本书运用引文分析、德尔菲调查、情景分析、社会经济需求分析 4 种方法对技术预见不同阶段进行全方位定性、定量研究，并且增加了技术监测与跟踪方法，从而更加完善了技术预见理论与方法，并且建立了技术预见理论方法框架模型。在技术预见过程中，这 5 个板块相结合的研究国内还从未有过尝试。该研究对丰富技术预见理论、方法和学科评价方法意义积极。

(2) 本书研究了我国关键技术选择方法与模型。我国以前进行的国家关键技术选择研究大都是在技术预见结果的基础上通过专家会议法、德尔菲法等定性分析方法来确定。本书通过大量研究以及专家调查，应用技术分析与评估方法，建立了国家关键技术选择模型，应用该模型评估得出我国国家关键技术目录。通过与我国以往相关研究对比，显示本研究与以往研究结果具有较好的一致性，从而为国家科技发展规划的制定提供战略性智力支持。

(3) 本书系统研究了我国关键技术创新模式及选择方法。由于国家关键技术特性，故本书研究得出我国国家关键技术创新模式宏观路径与一般技术创新模式宏观路径有所不同。然后，本书运用实物期权方法、期权博弈理论、伊藤定理、NPV 方法等原理和方法，研究我国自主创新、合作创新、模仿创新 3 种技术创新模式的投资价值模型，并在此基础上建立了创新模式选择模型。

## 7.2 后续研究建议

技术预见理论及创新模式相关研究还有大量的工作需要完成，进一步的研究工作主要包括以下几个部分。

(1) 如何评价技术预见所取得的成效，怎样建立起对技术预见评价的指标体系，是今后需要解决的问题。目前，所做的仅仅只是看预见是否达到了目标，但不能评价预见过程的作用机理，尤其是预见过程产生的社会影响。另外，对技术预见的评价，如果仅仅只看已实现技术项目的多少是不全面的，因为那些没有实现的技术可能受各种因素影响，如果人们采取积极行动以促进这些技术的发展，则很有可能在这些技术上取得突破。

(2) 技术预见结果的扩散模型研究以及整合技术预见与产业预见，实现关键技术的产业化方面的研究。

(3) 当构建国家关键技术选择模型时，考虑除市场需求情况、技术差距、技术发展重要性 3 个因素外的其他因素对选择模型的影响，进一步完善国家关键技术选择模型。

(4) 本书所建立的创新模式选择模型，其依据是国家关键技术的创新价值，而没有考虑时间的节省、投资的约束等情况，而且研究的对象是针对关键技术群中的单一技术，因此存在一定的局限性，需要进一步研究。

# 参 考 文 献


[1] 《技术预测与国家关键技术选择》研究组. 从预见到选择——技术预测的理论与实践[M]. 北京：北京出版社，2001.

[2] Luke Georghiou. *Third generation foresight-integrating the social-economic dimension*[C]. The Proceeding of International Conference on Technology Foresight, 2001.

[3] Hariolf Grupp. *Status and Prospects of Technology Foresight in Germany after Ten Years*[C]. The Proceeding of International Conference on Technology Foresight, 2001.

[4] 国务院发展研究中心. 美国国家关键技术战略[D]. 今日科技，2001，11.

[5] 惠益民. 美国国家关键技术选择[M]. 北京：北京航空航天大学出版社，1992.

[6] 周永春，等. 国家关键技术选择——新一轮技术争夺战[M]. 北京：科学文献出版社，1995.

[7] 连谊. 德国开展未来 30 年的关键技术预测[J]. 中外科技政策与管理，1994，6：97.

[8] 夏源. 发达国家科技政策的战略调整[J]. 中外科技政策与管理，1994，2：43.

[9] 李志军. 韩国的关键技术选择及其借鉴[J]. 科研管理，2002，2.

[10] 哀平. 韩国：国家计划的目标是成为群龙之首[J]. 中外科技政策与管理，1994，7.

[11] http://www.nstda.or.th/apec/body_index.html.

[12] 李万. APEC、UNIDO、OECD 与技术预见[J]. 世界科学，2002，8：40-41.

[13] http://www.foresight.ics.trieste.it/.

[14] 技术预见历史演进与 OECD 主要国家技术预见发展脉络[J]. 技术预见通信，2003，3-4.

[15] http://www.foresight.gov.uk/.

[16] 王瑞祥，穆荣平. 从技术预测到技术预见：理论与方法[J]. 世界科学，2003，4.

[17] Ben R. Martin. *Matching Social Needs and Technological Capabilities: Research foresight and the implications for social sciences* (Paper presented at the OECD workshop on social sciences and innovation)[Z]. Tokyo: United Nations University, 2000.

[18] Ben R. Martin. *Technology foresight: A review of recent government exercises*[J]. *Science, Technology, Industry Review*, 1996, (17):15-50.
[19] OECD 技术预见项目网页(http://www.oecd.org/infobycountry/).
[20] APEC 技术预见网站(http://www.apecforesight.org/).
[21] 浦根祥，等. 试论技术预见理论的基本假设[J]. 自然辩证法研究，2002，7.
[22] 杨耀武. 技术预见的基本理念[J]. 世界科学，2003，4.
[23] 李建民. 全球技术预见大趋势[M]. 上海：上海科学技术出版社，2002.
[24] 叶继涛，胡建绩. 技术预见与可持续经济发展[J]. 研究与发展管理，2004，4.
[25] 万劲波. 技术预见：科学技术战略规划和科技政策的制定[J]. 中国软科学，2002，5.
[26] 王硕，唐小我. 组合预测系统综合研究[J]. 科学管理研究，2000，4.
[27] 陈德棉，申期. 科学技术评估和预测引论[M]. 合肥：安徽科学技术出版社，1996.
[28] 周永春，李思一. 国家关键技术选择——新一轮技术优势争夺战[M]. 北京：科学技术文献出版社，1995.
[29] 秦吉吉，王成鑫. 国家关键技术分析与研究[J]. 社会科学辑刊，2005，5.
[30] 技术预测与国家关键技术选择研究组. 国家关键技术研究报告[R]. 2003，12.
[31] 袁志彬. 提高技术专家预见能力的基本途径[J]. 科学学与科学技术管理，2004，4.
[32]《技术预见报告》编委会. 技术预见报告 2005[M]. 北京：科学出版社，2005.
[33] 王海刚. 技术创新模式探析及选择[J]. 创新论坛，2004，1.
[34] 李雪凤，仝允桓. 技术价值评估方法的研究思路[J]. 科技进步与对策，2005，10：75-77.
[35] Degnan, S.，C. Horton. *A Survey of Licensed Royalties*[J]. *Les Nouvelles*, 1997(6): 91-96.
[36] 邢小强，仝允桓. 实物期权法评估技术价值及其管理涵义[J]. 科学学与科学技术管理，2006，4.
[37] Khoury, S.，Daniele，J.and Germeraad，P. *Selection and application of intellectual Property valuation methods in Portfolio management and value extraction* [J]. *Les Nouvelles*, 2001(9): 77-86.

[38] Khoury, S. *Valuation of BioPharm intellectual Property: focus on research tools and platform technology* [J]. *Les Nouvelles*, 2002(6): 48-53.

[39] Reilly R.F. *The valuation of proprietary technology* [J]. *Management Accounting*, 1998, 79(1): 45-49.

[40] 冉伦. 基于实物期权理论的企业 R&D 项目投资决策研究[D]. 北京：北京理工大学，2005.

[41] 上海市科技发展重点领域技术预见研究项目组. 上海技术预见报告[M].上海：上海科学技术出版社，2006.

[42] 穆荣平，王瑞祥. 技术预见的发展及其在中国的应用[J]. 中国科学院院刊，2004.

[43] 纽先钟. 中国战略思想新论[M]. 台北：麦田出版公司，2003.

[44] 上海市科技发展重点领域技术预见研究项目组.《上海市“十五”期间科技发展重点领域技术预见研究》项目正式启动[J]. 技术预见通讯，第 1 期.

[45] 穆荣平. 北京技术预见：实践与思考[J]. 世界科学，2003，4：41-43.

[46]《中国未来 20 年技术预见》研究组. 中国未来 20 年技术预见[M]. 北京：科学出版社，2006.

[47] 高红阳，张少杰. 基于外在技术预见的国家宏观发展战略研究思考[J]. 科学学与科学技术管理，2005，3.

[48] Klaus Rennings. *Redefining innovation-eco-innovation research and the contribution from ecological economics*[J]. *Ecological Economics*, 2000, 32(2):319-332.

[49] 王国锋. 企业技术创新的模式选择[J]. 市场周刊·理论版，2005，1.

[50] Myers, S.C. *Determinants of Corporate Borrowing* [J]. *Journal of Financial Economics*, 1977, 5(1):147-175.

[51] Faulkner, T.W. *Applying 'Options Thinking' to R&D Valuation* [J]. *Research-Technology Management*, 1996, 39(3): 50-56.

[52] Mitchell G.R. and Hamilton, W.F. *Managing R&D as a Strategic Option* [J]. *Research-Technology Management*, 1988, 31 (3): 15-22.

[53] Carter, R. and Edward, D. *Financial Analysis Extends Management of R&D* [J]. *Research Technology Management*, 2001, 44(5): 47-57.

[54] Frank Rafael Smets. *Essays on Foreign Direct Investment* [D]. Ph.D. Dissertation, Yale. University, 1993.

[55] Smit, HTJ & LA Ankum. *A Real Options and Game-Theoretic Approach to Corporate Investment Strategy under Competition* [J]. *Financial Management*, 1993,22(3): 241-250.

[56] Kulatilaka, N. and Perotti, E.C. *Strategic Growth Options* [J]. *Management Science*, 1998, 44(8): 1021-1031.

[57] Mansfield, E., Rapoport, J., Romeo, A., , etc. *Social and Private Rates of Return from Industrial Innovation* [J]. *Quart. J. Economics*, 1997, 91(2): 221-240.

[58] Robertson, Thomas and Gatignon, Hubert. *Technology Development Mode: A Transaction Cost Conceptualization* [J]. *Strategic Management Journal*, 1998, 19(6):515-531.

[59] Sakakibara, Mariko. *Heterogeneity of Firm Capabilities and Cooperative Research and Development: An Empirical Examination of Motives* [J]. *Strategic Management Journal*, 1997, 18(1): 143-164.

[60] Cyert, Richard M and Goodman, Paul S. *Creating Effective University-Industry Alliances: An Organizational Learning Perspective*[J]. *Organizational Dynamics*, 1997, 25(4): 45-57.

[61] Bouroche, Myriam A. *Technology Exchange in the Information Age: A Guide to Successful Cooperative R&D Partnerships* [C]. *SRA Journal,* Summer 1999.

[62] Branstetter, Lee and Sakakibara, Mariko. *Japanese Research Consortia: A Micro econometric Analysis of Industrial Policy* [J]. *Journal of Industrial Economics*, 1998, 46(2): 207-233.

[63] MacDougall. *The Benefits and Costs of Private Investment from Abroad: A Theoretical Approach* [J]. *Economic Record*, 1960(36): 13-35.

[64] Katz, MichaelL. and Carl Shapiro. *How to License Intangible Property* [J]. *Quarterly Journal of Economics*, 1986, 101(3): 567-589.

[65] Aspremont, Claude and Jacquemin, Alexis. *Cooperative and Non-cooperative R&D in Duopoly with Spillovers* [J]. *American Economic Review*, 1988, 78(5): 1133-1137.

[66] Poyago-Theotoky Joanna. *Equilibrium and Optimal Size of a Research Joint Venture in an Oligopoly with Spillovers* [J]. *Journal of Industry Economics*, 1995, 43(2): 209-226.

[67] Ziss. *Strategic R&D with Spillovers, Collusion and Welfare* [J]. *Journal of Industrial Economics*, 1994: 42(4): 375-93.

[68] Petit, Maria Luisa and Tolwinski, Boleslaw. *R&D Cooperation or Competition* [J]. *European Economic Review*, 1999, 43(1):185-208.

[69] Smilor, RaymondW. And Gibson, David V. *Technology transfer in multi-organizational environment: The case of R&D Consortia*[J]. *IEEE Transactions on Engineering Management*, 1991, 38(1):3-13.

[70] Kogut B. *Joint Ventures: The Theoretical and Empirical Perspectives* [J]. *Strategic Management Journal*, 1988(19): 319-332.

[71] Ingham, Marc and Mothe, Caroline. *How to Learn in R&D Partnerships?* [J]. *R&D Management*, 1998, 28 (4): 249-261.

[72] Mothe Caroline and Quelin Bert and V. *Creating new resources through European R&D Partnerships* [J]. *Technology Analysis & Strategic Management*, 1999, 11(1): 31-43.

[73] Amy Jocelyn Glass，Kamal Saggi. *International Technology Transfer and the Technology Gap* [J]. *Journal of Development Economics*, 1998, 55(2): 369-398.

[74] Teece, David J. *Technology Transfer by Multinational Firms: The Resource Cost of Transferring Technological Know-how* [J]. *Economics Journal*, 1977, 87(346): 242-261.

[75] Mansfield, E., Romeo, A. *Technology Transfer to Overseas Subsidiaries by US-based Firms* [J]. *Quarterly Journal of Economics*, 1980, 95(4): 737-50.

[76] [韩]金麟洙. 从模仿到创新[M]. 刘小梅，译. 北京：新华出版社，1998.

[77] 陈劲，谢联恒，孟繁. 现实期权方法及实证研究[J]. 科学学与科学技术管理，2001，7：46-49.

[78] 高佳卿，刘胜军，康力立，等. 资本投资的期权理论与方法[J]. 经济理论与经济管理，1998，2.

[79] 郑德渊，李湛. R&D 项目评价的实物期权方法[J]. 技术经济与管理研究，2000，5.

[80] 卢丽娟，黄胜杰，钱刚毅. R&D 联盟决策的新视角——资源理论和实物期权理论的融合[J]. 广西会计， 2003，8.

[81] 杨艳芳，陈立文，王辉. 不确定条件下的研发项目投资决策[J]. 管理科学，2003，16.

[82] 苏敬勤，王延章. 合作技术创新理论及机制研究[M]. 大连：大连理工大学出版社，2002.
[83] 李平. 技术扩散理论及实证研究[M]. 太原：山西经济出版社，1990.
[84] 陈劲，王毅，许庆瑞. 国外核心能力研究述评[J]. 科研管理，1999，5.
[85] 傅家骥，姜彦福，雷家马肃. 技术创新——中国企业发展之路[M]. 北京：企业管理出版社，1992.
[86] 凌丹. 技术引进创新及其风险分析[J]. 科学学与科学技术管理，2002，3：16-18.
[87] 万君康. 论技术引进与自主创新的关联与差异[J]. 武汉汽车工业大学学报，2000，4.
[88] 江小涓. 中国的外资经济——对增长、结构升级和竞争力的贡献[M]. 上海：上海人民出版社，上海三联书店，2002.
[89] 彭纪生，刘春林. 自主创新与模仿创新的博弈分析[J]. 科学管理研究，2003，6.
[90] 袁红林，陈小锋. “智猪博弈”与中小企业模仿创新[J]. 当代财经，2002，9.
[91] 汪碧瀛. 高新技术企业技术创新模式选择模型[J]. 西安电子科技大学学报(社会科学版)，2005，3.
[92] 黄懿. 自主创新与模仿创新利弊分析及建议[J]. 中国科技信息，2006，4.
[93] 胡望斌. 技术强国对华出口限制的分析与战略高技术选择[J]. 国家软科学研究项目，2004，11.
[94] 吴晓波，许庆瑞. 二次创新竞争模型与后发优势分析[J]. 管理工程学报，1995，9.
[95] [日]森谷正规. 日本的技术[M]. 徐鸣，等译. 上海：上海翻译出版公司，1985.
[96] Sibylle Breiner. *Foresight in Science and Technology-Selected Methodologies and Recent Activities in Germany*[A]. *Inzelt and Coenen. Knowledgye, Technology Transfer and Foresight*[C]. Dordrecht [The Netherlands], Boston: Kluwer Academic Publishers, 1996.
[97] 张雄. 市场经济中的非理性世界[M]. 上海：立信会计出版社，1995.
[98] National Institute of Science and Technology Policy, Fraunhofer Institute for Systems and Innovation Research (ISI). *Outlook for Japanese and German Future Technology——Comparing Japanese and German Technology Forecast Surveys*. 2005: 2-3.
[99] GARFIELD E. *Citation Indexing—Its theory and application in science, Technology and humanities* [M]. New York: Wiley. 1979.

[100] PRICE D D. *Networks of scientific papers* [J]. Science, 1965, 149: 510-515.

[101] BURTON R E, KEBLER R W. *The hall-life of some scientific and technical literatures* [J]. *American Documentation*, 1960,11: 18-22.

[102] SMALL H G. GRIFFITH, B. C. *The structure of scientific literatures I: Identifying and graphing specialties* [J]. *Science Studies*, 1974, 4: 17-40.

[103] BRAAM R R, MOED H F, VAN RAAN A F J. *Mapping of science by combined co-citation and word analysis, part I: Structural aspects* [J]. *Journal of the American Society of Information Science*, 1991, 42(4): 233-51.

[104] PERSSON O. *The intellectual base and research fronts of JASIS 1986-1990* [J]. *Journal of the American Society for Information Science*, 1994, 45(1):31-38.

[105] MORRIS S A, YEN G., WU Z, ASNAKE B. *Timeline visualization of research fronts*[J]. *Journal of the American Society for Information Science and Technology*, 2003, 55(5): 413-422.

[106] KESSLER M M. *Bibliographic coupling between scientific papers* [J]. *American Documentation,* 1963, 14: 10-25.

[107] VLADLTZ G, COOK J. *Bibliographic coupling and subject relatedness* [C]. *Challenges Lo an Information Society, Proceedings of the* 47Th *ASIS Annual Meeting*, 1984, 21: 204-207.

[108] 刘林青. 作品共被引分析与科学地图的绘制[J]. 科学学研究，2005，2.

[109] SMALL H. *The relationship of information science to the social science: a co-citation analysis* [J]. *Information Processing and Management*, 1980, 17: 39-50.

[110] GONZALEZ F J, CASTRO B C. *Dominant approaches in the field of management*[J]. *International Journal of Organizational Analysis*, 2001, 9(4): 327-353.

[111] PERSSON O, STERN P, HOLMBERG K G. *BIBMAP-A toolbox for mapping the structure scientific literature. In: Representations of science and technology* [M]. Leidon, the Neherlands, DSWO Press, 1992.

[112] National Institute of Science and Technology Policy, Ministry of Education, Culture, Sports, Science and Technology Japan. *NISTEP REPORT No.99: Comprehensive Analysis of Science and Technology Benchmarking and Foresight*, May 2005:5.

[113] 邱均平. 文献信息词频分布规律——齐普夫定律[J]. 情报理论与实践，2000，5.
[114] 李志辉，罗平. SPSS for Windows 统计分析教程[M]. 2 版. 北京：电子工业出版社，2004.
[115] 马庆国. 管理统计[M]. 北京：科学出版社，2002.
[116] Dalpe' R, Gauthier E, Ippersiel M P. *The State of Nanotechnology Research: Report to the National Research Council of Canada*[R].1997, 5.
[117] 清华同方. 中国期刊网题录数据库. http:// www.wh.cnki.net.2002.
[118] 中国专利局检索咨询中心，中国专利信息网. http://www.patent.com.cn.2002.
[119] 张立德. 纳米材料研究的进展与我国的对策[J]. 科技导报，2000，10.
[120] 尤政，周兆英. 发展面向 21 世纪的纳米技术[J]. 航空计测技术，1994，6.
[121] 解思深，邹小平. 纳米材料与物理学[J]. 大学物理，2000，12.
[122] Richard S. Campbell. Patent Trends as a Technological Forecasting Tool [J]. World Patent Information, 1983, 5(3): 137-143.
[123] 罗式胜. 专利文献的计量分析与预测[J]. 图书与情报，1994，1.
[124] F.Narin, E.Noma. *Is technology becoming science*[J]. *Scientometrics*, 1985, V7(3-6): 369-381.
[125] 刘立，王耀德. 从专利引文看公共科学对技术创新的重要作用[J]. 科学学研究，2003，8.
[126] Gilles Bertrand, Anna Michalski, Lucio R. *Pench: Scenarios Europe 2010——Five possible Futures for Europe*[J]. *Working paper*, July,1999.
[127] Clayton. M. Christensen. *The Innovator's Dilemma* [M]. Harper Business, An imprint of Harper Collins Publishers. 1997.
[128] Donghua Zhu，Alan L Porter. *Automated Extraction and Visualization of Information for Technological Intelligence and Forecasting* [J]. *Technological Forecasting & Social Change*, 2002(69): 495-506.
[129] Watts, R. J. Porter, and Donghua Zhu. *TOAS: Intelligence Mining, an Analysis of NLP and Computational Linguistics, Proceeding. First European Symposium on Principles of Data Mining and Knowledge Discovery*[C]. (Bergen, Norway). New York: Springer-Verlag,1997: 323-334.
[130] 朱东华，袁军鹏. 基于数据挖掘的科技监测方法研究[J]. 管理工程学报，2004，4.

[131] 黄春兰，胡汉辉. 发达国家关键技术选择中政府作用及其对我国的启示[J]. 现代管理科学. 2004，11.

[132] 简南红. 美日欧国家关键技术计划的比较分析[J]. 北京航空航天大学社会科学学报，1995，2.

[133] 国务院发展研究中心国际技术经济研究所. 我国国家关键技术发展战略的选择[J]. 今日科技，2002，4.

[134] 陈劲. 企业技术创新透析[M]. 北京：科学出版社，2001.

[135] 罗炜. 企业合作创新理论研究[M]. 上海：复旦大学出版社，2002.

[136] 厉无畏. 中国产业发展前沿[M]. 上海：上海人民出版社，2003.

[137] 毕克新. 中小企业产品创新对策与建议[J]. 中国科技论坛，2003，4.

[138] Xu Q R, Chen J, Guo B. *Perspective of technological innovation and technology management in China*[J]. *IEEE Transactions on Engineering Management*,1998, 45(4): 381-387.

[139] 吴晓波，倪义芳. 二次创新与我国制造业全球化竞争战略[J]. 科研管理，2001，3.

[140] 张维迎. 博弈论与信息经济学[M]. 上海：上海人民出版社，1996.

[141] 魏江. 企业技术能力论[M]. 北京：科学出版社，2002.

[142] J. Lee Z. Bae& D. Choi. *Technology development processes: a model for a developing country with a global perspective*[J]. *R&D Management*, 1988, 18(3):235-250.

[143] Donald Lecraw. *Direct Investment by Firms from Less Developed Countries* [D]. *Oxford Economic Papers,* 1977, 29 (3): 442-457.

[144] [瑞]马茨·伦达尔，等. 发展经济学新方向[M]. 卢周来，译. 北京：经济科学出版社，2001.

[145] 陈恒. 发展中国家跨国公司技术创新模式研究[D]. 哈尔滨：哈尔滨工程大学，2003.

[146] 唐春晖，唐要家. 企业技术能力与技术创新模式分析[J]. 辽宁大学学报(哲学社会科学版)，2006，1.

[147] 张伟峰，等. 基于企业创新网络的技术路径创造[J]. 科学学研究，2003，6.

[148] ARTHER W B. *Self-reinforcing mechanisms in economy*[M]. In Philip W.Anderson (ends), The economy as Evolving complex system. Assison-Wesley Publish Company, 1988.

[149] AHUJA, GAUTAM and LAMPERT, CURBA M. *Entrepreneurship in the large corporation: A longitudinal study of how established firms create breakthrough invention* [J]. *Strategic Management Journal*, 2001, 22(6-7): 521-543.

[150] Vanhaverbeke, W., Duysters, G., Beerkens, B. *Technological capability building through networking strategies within high-tech industries*[R]. Eindhoven University of Technology, Eindhoven Centre of Innovation Studies Working Paper, 2001.

[151] 胡继灵. 高新技术企业生命周期各阶段技术创新战略的选择[J]. 科技进步与对策，2001，8.

[152] 刘希宋，等. 企业产品创新(开发)战略选择的系统研究[M]. 北京：经济科学出版社，2001.

[153] 汪碧瀛，高新技术企业技术创新模式选择模型[J] .西安电子科技大学学报(社会科学版)，2005，1.

[154] 王硕，朱桂龙. 国家关键技术效益跟踪评价研究[J]. 科研管理，1998，4.

[155] 陈玉祥，朱桂龙. 科学选择的理论、方法与应用[M]. 北京：机械工业出版社，1994.

[156] Chen Yuxiang. *Applications of the Delphi Method in China*[J]. *Technological Forecasting and Social Change*, 1989, 38(3): 293-305.

[157] 许民利. 基于实物期权理论的 R&D 项目投资决策研究[D]. 武汉：华中科技大学，2002：74-75.

[158] 姜秋，王宁. 基于模糊综合评价的知识产权价值评估[J]. 知识产权保护，2005，6.

[159] Badaracco J L. *The Knowledge Link: How Firms Compete Through Strategic Alliances* [M]. Boston: Harvard Business School Press, 1991: 3-5.

[160] Narula R, Hagedoorn J. *Innovating through strategic alliances: Moving towards international partnerships and contractual agreements* [J]. *Technovation,* 1999,19(5): 283-294.

[161] Prescott C Ensign. *Innovation in the multinational firm with globally dispersed R&D: Technological knowledge utilization and accumulation* [J]. *Journal of High Technology Management Research*, 1999, 10(2):203-222.

[162] Mariko Sakakibara. *Knowledge sharing in cooperative research and development* [J]. *Managerial and Decision Economics*, 2003, 24(2): 117-132.

[163] 陈恒. 发展中国家跨国公司技术创新模式研究[D]. 哈尔滨：哈尔滨工程大学，2003.

[164] Arrow K J. *Economic in welfare and the allocation of resource for innovation*[A]. *In.: Nelson RR(Ed).The Rate and Direction of Inventive Activity*[C]. NJ princeton, Princeton University Press, 1962: 609-626.

[165] Mansfield, Edwinetal. *Imitation Costs and Patents: An Empirical Study* [J]. *Economic journal*, 1981, 91 (364): 907-918.

[166] Amit Gara, Christopher Tang. *On postponement strategies for production families with multiple points differentiation* [J]. *IIE Transaction*, 1997, 29(8): 641-650.

[167] 苏敬勤，王延章. 合作技术创新理论及机制研究[M]. 大连：大连理工大学出版社，2002.

[168] Mason C. *Strategic alliances: Partnering for success*[J]. *Management Review,* 1993, 82(5): 10-15.

[169] ParkSO, UngsonGR. *Interfirm rivalry and managerial complexity: A conceptual framework of alliance failure* [J]. *Organization Science*, 2001, 12(1):37-39.

[170] Dacin MT, HittMA, LevitasE. *Selecting partners for successful international alliances: Examination of U.S. and Korean firms* [J]. *Journal of World Business,* 1997,32(1):3-7.

[171] Bronder C, PritzlR. *Developing strategic alliances*[J]. *European Management Journal*, 1992, 10(4):412-421.

[172] 陈莉平，黄仙姜. 基于 4C 的合作伙伴选择模型的构建及其运用[J]. 技术经济，2006，1：39 -42.

[173] C. K. Prahalad and Gary Hamel. *The core competence of the corporation*[J]. *Harvard Business Review*, 1990, 63(3): 79-91.

[174] Geringer JM. *Selection of partners for international joint venture*[J]. *Business Quarterly*, 1988, 53(2): 31-36.

[175] KeithJE, JacksonDW, CrosbyLA. *Effects of alternative types of influence strategies under different channel dependence structures*[J]. *Journal of Marketing*, 1990,54(7): 30-41.

[176] TylerBB, Steensma H K. *Evaluating technological collaborative opportunities: A Cognitive modeling perspective* [J]. *Strategic Management Journal*,1995, 16(5): 43-70.

[177] 卢燕，汤建影，黄瑞华. 合作研发伙伴选择影响因素的实证研究[J]. 研究与发展管理，2006，1：52-58.

[178] 罗炜，唐元虎. 合作创新的交易成本分析[J]. 科学学与科学技术管理，2001，6：5-6.

[179] Lttorio Chiesa. *Organizing for technological collaborations: a managerial perspective*[J]. *R&D Management*, 1998, 28(3): 199-212.

[180] Everett M.Rogers. *Cooperative research and development agreements*(CRADAs) as technology transfer mechanisms[J]. *R&D Management*, 1998,28(2): 79-88.

[181] 许民利. 基于实物期权理论的 R&D 项目投资决策研究[D]. 武汉：华中科技大学，2002：95-102.

[182] 胡望斌. 我国基于技术受限的国家关键技术自主创新投资价值模型研究[J]. 科学学与科学技术管理，2008，12.